"十四五"职业教育国家规划教材

海绵城市概论
（第2版）

▣ 主　编　　刘娜娜　张　婧　王雪琴
▣ 副主编　　周　洋　叶　巍　伍劲涛
　　　　　　吴玉龙　刘清秀
▣ 主　审　　张云天

WUHAN UNIVERSITY PRESS
武汉大学出版社

图书在版编目(CIP)数据

海绵城市概论/刘娜娜,张婧,王雪琴主编 . —2 版.—武汉:武汉大学出版社,2023.6
"十四五"职业教育国家规划教材
ISBN 978-7-307-23810-7

Ⅰ.海…　Ⅱ.①刘…　②张…　③王…　Ⅲ.城市建设—高等职业教育—教材　Ⅳ.TU984

中国国家版本馆 CIP 数据核字(2023)第 112213 号

责任编辑:方竞男　孙　丽　　　责任校对:路亚妮　　　装帧设计:吴　极

出版发行:**武汉大学出版社**　　(430072　武昌　珞珈山)
(电子邮箱:whu_publish@163.com)
印刷:武汉雅美高印刷有限公司
开本:787×1092　1/16　印张:10.75　字数:248 千字
版次:2017 年 12 月第 1 版　　2023 年 6 月第 2 版
2023 年 6 月第 2 版第 1 次印刷
ISBN 978-7-307-23810-7　　　定价:55.00 元

第 2 版前言

本书是在第 1 版的基础上修订而成的。

2012 年 4 月,在 2012 低碳城市与区域发展科技论坛上,"海绵城市"的概念首次被提出;2013 年 12 月 12 日,习近平总书记在中央城镇化工作会议上的讲话中强调:"提升城市排水系统时要优先考虑把有限的雨水留下来,优先考虑更多利用自然力量排水,建设自然存积、自然渗透、自然净化的海绵城市。"2017 年,李克强总理在《政府工作报告》中明确了海绵城市的发展方向,让海绵城市建设不仅仅限于试点城市,而是所有城市都应该重视这项"里子工程"。2022 年 10 月,习近平总书记在中国共产党第二十次全国代表大会上作的报告中提出"推动绿色发展,促进人与自然和谐共生"。

2020 年,基于推动实现可持续发展的内在要求和构建人类命运共同体的责任担当,我国明确提出 2030 年"碳达峰"与 2060 年"碳中和"的目标愿景。双碳,即碳达峰与碳中和的简称。海绵城市建设是落实生态文明建设的重要举措,也是推动城市绿色转型发展的重要途径之一,持续深入海绵城市建设,进一步减少能源使用,将高耗能、高排放的产业或技术转到绿色低碳方向,对推动经济结构转型至关重要,为促进碳达峰、碳中和目标实现提供了"硬核"引擎。

本书紧跟国家海绵城市建设的最新发展趋势,针对上述国家最新的政策和规范对第 1 版相关内容进行了更新或修改,同时补充了典型案例分析。

本书共 9 章,分别介绍了海绵城市概述、海绵城市建设的国内外现状、低影响开发与补偿技术、海绵城市的规划、绿色基础设施、海绵城市项目开发的基本程序、海绵城市发展趋势、海绵城市建设绩效评价与考核以及我国海绵城市试点城市建设案例。

本书由重庆建筑科技职业学院组织行业企业专家共同编写,由刘娜娜、张婧、王雪琴担任主编,周洋、叶巍、伍劲涛、吴玉龙、刘清秀担任副主编,具体编写分工如下:刘娜娜编写前言、第 3 章、第 6 章、第 7 章,张婧编写第 5 章,王雪琴编写第 1 章、第 2 章,周洋编写第 4 章,叶巍、伍劲涛编写第 8 章,吴玉龙、刘清秀编写第 9 章。张云天担任本书主审。

在本书编写过程中,童赛红、陈爽等参与了资料搜集和整理工作。本书的编写得到了重庆市市政设计研究院、重庆市天然气公司、重庆大学建筑规划设计研究总院有限公司、重庆城市管理职业学院等单位行业企业专家及老师的大力支持,特别是重庆大学建筑规划设计研究总院有限公司王柱高级工程师为本书的编写提供了宝贵的资料和建议,在此一并表示感谢。

由于编者水平有限,书中难免存在不足之处,恳请广大读着提出宝贵的意见和建议。

编　者

2023 年 4 月

第1版前言

近年来,每当夏天暴雨过后,关于"内陆看海"的笑谈便俯拾即是。人们并不是真的愿意靠皮划艇出行,也不愿意天天在马路上捕鱼,调侃的背后是人们对于城市内涝问题的无奈。这些年媒体和大众普遍关注的焦点几乎一边倒地投向地下管网建设,认为排水不畅才是内涝的主因。几年来虽投入大量财力修建地下管网,但收效甚微,暴雨过后城市仍旧会被水淹没。

建设海绵城市作为一项国策,彰显中国水资源管理进入一个新的历史时期。水是城市的血液,也是城市的命脉。海绵城市是以"雨洪是资源"为目标,以控制面源污染和保障以水质为核心的水资源管理和水生态治理的理念。雨洪是资源,应当以蓄为先,一个城市或者一个区域要有足够的地表水面积和湿地面积来蓄存降雨量,减少地表径流,促使雨水就地下渗,补充地下水。雨洪是资源,应考虑最大一次连续降雨下城市雨洪的系统管理,实现蓄洪水面、湿地、绿地、雨水花园和公园等空间的最大化,雨洪就地下渗的最大化,地表径流、城市排水管道分散化和系统化,以及城市流域水系和汇水空间格局的合理化。一场连续暴雨的降雨量,占全年降雨量的30%~70%,如果把这一雨洪资源泄掉,那一年就会发生严重的旱灾。而且,如果没有足够的城市空间把雨洪蓄下来,所有的洪水汇集到狭窄的防洪高堤坝内,所形成的洪峰和洪水的压力和威胁是巨大的。因此,海绵城市将从根本上改变防洪防涝的管理方式,减小洪灾旱灾的威胁,这是水安全的重要保障。

一般可以假设,在自然植被条件下,总降雨量的40%会蒸腾、蒸发进入大气,10%会形成地表径流,50%将下渗成为土壤水和地下水。而城市的建设,打破了这种雨水分布格局:蒸腾、蒸发进入大气的降雨量将由40%增加到40%以上,地表径流则可能从原来的10%增加到50%甚至更多,下渗的降雨量则会从50%减少到10%甚至更少。显而易见,这种改变会造成洪水量和洪峰的危害、雨洪资源的严重丧失、水土流失、面源污染和水系自净化系统的破坏。因此,减少地表径流、减少水土流失、减少面源污染、减少雨洪资源损失、减少洪水和旱灾危害,以及增加雨水就地下渗、补充地下水,就成为海绵城市设计的具体指标(目标)和核心技术的关键。而这些具体指标和核心技术要素,就是低影响开发(low impact development,LID)的核心内容。

如果说,海绵城市建设是城市建设的生态基础设施建设,或者说,海绵城市建设是生态城市建设的关键,那么,海绵城市建设的目标是通过低影响开发的技术得以实现的。为了达到"低影响",设计和开发就必须遵从"四个尊重",即尊重水、尊重表土、尊重地形和尊重植被。尊重水,就不应该把河流作为纳污河,就不能破坏水岸边的草沟、草坡,就要防止面源污染,就要保护好水系的自净化系统和水生态系统。表土是千万年形成的财富,是地表水下渗的关键介质,是植被生长的基础。尊重表土,就是要保护和利用好这样的宝贵资源,防止水土流失,以及在开发中收集好表土及开发后复原好表土。自然地形所形成的汇水格局是一个区域开发的重要因素,地形变了,汇水格局就变了,低影响开发就是要研究原有地形和开发后地形的不同汇水格局及其影响,因此,尊重地形的设计和开发,不但影响小、安全,而且体现空间多样性,具有自然和艺术的美。植被是地形的产物,也是水和土壤的产物;同时,植被是地形、水和土壤的"守护神",没有植被,水土流失和面源污染则不可避免,没有植被,水质、水资源和表土都会丧失,地形也会改变。当然,没有植被,水也会失去它的资源属性,变成灾难性的洪水、干旱及水荒,造成经济损失和制约城市发展。

因此,在某种意义上,也可以认为低影响开发与海绵城市建设是"同义词"。海绵城市建设,其狭义是雨洪管理的资源化和低影响化;广义则包括城市生态基础设施建设和生态城市建设的目标体系。它包括流域管理、清水入库、截污治污、水生态治理、滞流沟、沉积坑塘、跌水堰、植被缓冲带、雨洪资源化、水系的空间格局、水系的三道防线、生态驳岸、水系自净化系统、水生态系统、湿地、湖泊、河流、水岸线、生态廊道、城市绿地、城市空间、雨水花园、下沉式绿地、透水铺砖、透水公路和屋顶雨水收集系统等众多大大小小的具体技术和设计。但是,就目前国家战略来考量,海绵城市建设大多集中在一个重要的议题,即水质和水污染的生态治理技术和设计,这也是本书的重点。

但是,必须强调的是,海绵城市在不同尺度下的含义是不同的。海绵城市在小尺度的小社区和小区域的建设,是目前所提倡的海绵城市建设的理念、技术和设计,这也是美国所提倡的低影响开发的理念、技术和设计。但是,在中国,我们面临许多城市内涝、防洪防旱、水资源安全及水生态安全的问题,仅在小区和城区范围实施海绵城市建设是很难奏效的。我们必须在流域的尺度及水系整体打造的尺度上进行海绵城市建设,这些问题才能得以解决。因此,我们更强调和重视大尺度和流域的海绵城市的设计和建设。其中尺度的概念在海绵城市设计中是非常重要的。

在这里,编者也希望就海绵城市设计的一些容易混淆和模糊的理念和技术,按编者的经验给出较为清晰的解释。比如,传统的低影响开发,一般是对一个小区的雨洪管理和地表径流的设计;而海绵城市设计则多是在一个较大的城市或区域尺度空间的规划和设计。另外,低影响开发涉及的是小的汇水面积,而海绵城市设计考虑的则是流域。而且,流域的总体设计包括产业和城市空间布局、土地利用性质的转变等诸多要素的总体空间规划设计。这无疑是一个创新设计和符合国情的低影响开发的应用。因此,可以说海绵城市建设是中国新型城镇化战略、生态文明战略、生态城市战略和水生态文明战略的基础设施建设。它也必将是水资源管理、流域管理和水生态治理的新的里程碑。海绵城市设计广义上也等同于生态城市设计。

海绵城市不仅仅是生态的,更是经济的和社会的最优化选择。据分析,海绵城市建设的区域房地产价值可以增加25%～40%;通过海绵城市设计的环境整治和一级开发成本可以节约10%～20%。这种海绵城市的设计,提高了城市的品质和宜居程度,提高了城市土地的价值。海绵城市设计将提高城市的生态效益、经济效益和社会效益,城市建设和发展也可更持续。这些都进一步凸显了社会对海绵城市建设的强烈渴求。

本书由刘娜娜、张婧、王雪琴担任主编,周洋、叶巍、伍劲涛、吴玉龙、刘清秀担任副主编,赵越、王艳华参编,具体编写分工如下:刘娜娜编写第3章、第6章、第7章,张婧、赵越编写第5章,王雪琴、王艳华编写第1章、第2章,周洋编写第4章,叶巍、伍劲涛、吴玉龙、刘清秀编写第8章。本书由张云天担任主审。

在本书的编写过程中,陈爽、马晓雪、艾阳斌、童赛红、李玲、孟凡林、张青山参与了资料搜集和整理工作,重庆市市政设计研究院吴玉龙、重庆市天然气公司伍劲涛、重庆盛华消防有限公司黄天敏以及武汉海绵城市建设有限公司技术负责人等也提供了宝贵的资料和建议,在此一并表示感谢。

由于时间仓促,加之编者水平有限,错误之处在所难免,恳请广大读者批评指正。

编　者

2017 年 6 月

目　　录

数字资源目录

1 海绵城市概述

学习目标

知识目标	掌握海绵城市的定义、内涵及作用； 理解雨洪资源化利用的概念及意义； 理解海绵城市建设的意义
能力目标	能辨清海绵城市和雨洪管理的区别与联系； 针对具体海绵城市建设案例，能提出有效的技术措施和方案； 具备理论联系实际、举一反三和将理论知识转化为实践的能力
素质目标	具备查阅资料，独立思考、解决问题的能力； 具备敢于创新、实事求是、团结协作的职业素养； 具有学习"新技术、新规范、新工艺"的终身学习意识与能力

教学导引

2021年10月，国务院印发《2030年前碳达峰行动方案》（以下简称《方案》）。《方案》提出，加快推进城乡建设绿色低碳发展，城市更新和乡村振兴都要落实绿色低碳要求。倡导绿色低碳规划设计理念，增强城乡气候韧性，建设海绵城市。《方案》明确将建设海绵城市作为碳达峰的途径之一。那什么是海绵城市建设呢？它与低影响开发技术、城市雨洪管理有什么区别和联系？它又是如何实现碳减排的呢？

1.1 海绵城市与雨洪管理

1.1.1 海绵城市的定义

不同专业、不同背景的人对海绵城市的理念有不同的认知和定义，在大量的生态城市规划、海绵城镇规划实践中，对海绵城市也有独特的认识。

《海绵城市建设技术指南——低影响开发雨水系统构建（试行）》对海绵城市的定义：海绵城市是指城市能够像海绵一样，在适应环境变化和应对自然灾害等方面具有良好的"弹性"，下雨时吸水、蓄水、渗水、净水，需要时将蓄存的水"释放"并加以利用。该定义的内涵具体可分解为以下三个层次：第一，海绵城市面对洪涝或者干旱时有能灵活应对和适应各种水环境危机的韧力，体现了弹性城市应对自然灾害的思想；第二，海绵城市要求基本保持开发前后的水文特征不变，主要通过低影响开发的思想和相关技术实现；第三，海绵城市要求保护水生态环境，将雨水作为资源合理储存起来，以满足城市对水的不时之需，体现了对水环境及可持续雨水资源的综合管理思想。海绵城市示意图见图1-1。

图1-1 海绵城市示意图

《海绵城市（LID）的内涵、途径与展望》一文中提道，"海绵城市的本质是改变传统城市建设理念，实现与资源环境的协调发展。在'成功的'工业文明达到顶峰时，人们习惯于战胜自然、超越自然、改造自然的城市建设模式,结果造成严重的城市病和生态危机;而海绵城市遵循的是顺应自然、与自然和谐共处的低影响发展模式。传统城市利用土地进行高强度开发,海绵城市实现人与自然、土地利用、水环境、水循环的和谐共处;传统城市开发方式改变了原有的水生态,海绵城市则保护原有的水生态;传统城市的建设模式是粗放式的,海绵城市对周边水生态环境则是低影响的;传统城市建成后,地表径流量大幅增加,海绵城市建成后地表径流量能保持不变。因此,海绵城市建设又被称为低影响设计和低影响开发"。

海绵城市在不同尺度下的含义是不同的。海绵城市在小尺度的小社区和小区域的建设,是目前所提倡的海绵城市建设的理念、技术、设计。但是,在中国,针对许多城市所面临的内涝、防洪防旱、水资源安全、水生态安全问题,仅在小区、城区范围实施海绵城市建设是很难奏效的。我们必须在流域及水系整体打造的尺度上进行海绵城市建设,这些问题才能得以解决。因此,海绵城市的构建需要宏观、中观和微观层面不同尺度的承接、配合。① 宏观层面。海绵城市的构建在这一尺度上重点研究水系统在区域或流域中的空间格局,即进行水生态安全格局分析,并将水生态安全格局落实到土地利用总体规划和城市总体规划中。② 中观层面。这一尺度主要指城区、乡镇、村域尺度,或者城市新区和功能区块。海绵城市的构建在这一尺度上重点研究如何有效利用规划区域内的河道、坑塘,并结合集水区、汇水节点分布,合理规划和形成实体的"城镇海绵系统",并最终落实到土地利用控制性规划甚至是城市设计,综合性解决规划区域内滨水栖息地恢复、水量平衡、雨污净化、文化游憩空间的规划设计和建设上。③ 微观层面。海绵城市的构建最后必须要落实到具体的"海绵体"的构建上,包括公园、小区等区域和局域集水单元的建设,在这一尺度上对应的是一系列的水生态基础设施建设技术的集成。

1.1.2 雨洪管理

1. 城市化带来的雨洪管理问题

城市化进程中,建设用地不断扩张,高强度的人类活动强烈干扰原有自然生态系统,导致地表地理过程以及景观结构的强烈变化。城市地区下垫面特性的改变,尤其是不透水下垫面比例的增加,显著改变了原有的自然水文生态过程,导致一系列的城市雨洪管理问题,集中表现为洪涝灾害频发、水环境持续恶化以及水资源严重短缺。城市中原有的耕地、林池、湿地等渗透性能较好、雨洪调蓄能力较强的自然景观大量被透水性能较差甚至不透水的硬化表面(道路交通用地、建筑屋面、广场等)取代,透水地表的滞洪、蓄洪能力大幅度减小,影响了降雨的截留、下渗、过滤、蒸发及产汇流过程,使得原本渗入地下的雨水大部分转为地表径流排出,造成暴雨径流流量增加、汇流速度加快,加大了洪涝灾害发生的频率和强度。

高强度的城市建设,改变了城市的物质迁移生态过程,使得城市非点源污染负荷量剧增,导致河流水质和生态功能退化。随着工业和生活污染源等点污染源得到有效控制,降雨径流冲刷地表带来的非点源污染已经逐渐成为收纳水体污染的主要来源,加重了城市水质性缺水的局面。根据美国国家环境保护局(US Environmental Protection

Agency,USEPA)的研究,美国有 60% 的河流以及 50% 的湖泊污染与非点源污染密切相关。2015 年环境保护部的数据表明,我国 80% 以上的城市河流受到污染,有很多甚至出现季节性和常年性水体黑臭现象。90% 以上的城市地表水域受到严重污染。

此外,城市地区土地利用/土地覆被(land use/land cover,LU/LC)的强烈变化,还深刻影响着地表水和地下水的相互转化工程,硬化地表阻断了雨水的自然渗透及补给地下水的有效通道。由于地表水遭受越来越严重的污染,面对日益增多的工业、生活用水需求,人类转而对地下水无节制地进行开采。渗透量的减少与地下水的过度开发,使得城市地下水位不断下降,导致诸如"地下漏斗"等一系列环境负效应。

2. 传统雨洪管理理念与模式的弊端

在我国现行的城市规划体系中,涉及城市雨洪管理的专项规划主要有排水(雨水)工程规划和防洪规划。城市排水(雨水)工程规划和防洪规划应对暴雨的指导思想均是传统的"以排为主"的雨洪管理理念,采取管网工程"硬排水"模式,将雨水几乎全部通过城市雨水管网系统收集、排放至受纳水体,较少考虑雨洪调蓄、水质保护、资源化利用等措施和技术。这种单纯依赖人工工程设施的雨洪管理理念和排水模式,缺少相应的自然生态雨洪调控设施,使得由城市下垫面硬化带来的短时雨水管网排放压力剧增,加之管网规划设计的不合理、排水设施的不健全和建设标准降低以及维护管理不善等因素,往往造成暴雨径流短时高峰无法及时排放,城市暴雨内涝的发生频率增加。近年来,北京、广州、南京、上海、成都等大中城市不断出现城市内涝的情况。此外,大量的雨水资源通过不可渗透表面直接进入城市雨水管道,未经处理的地表径流,尤其是初期降雨径流,给受纳水体带来了极大的生态环境压力,极易造成城市地区水生态环境的进一步恶化,导致水资源短缺的局面。

3. 海绵城市生态雨洪管理模式

单纯依赖灰色基础设施(管网工程设施)的传统雨洪管理的弊端已经凸显,因此必须引入生态雨水基础设施(ecological stormwater infrastructure,ESI)视角下的海绵城市低影响开发理论,从传统的工程管网"硬排水"模式发展到生态雨洪管理(ecological stormwater management,ESWM)的"软排水"模式。在国外先进的雨洪管理理念中,景观生态与雨洪管理的结合已成为趋势,许多国家的雨洪管理理念已经从传统的简单管渠排水的工程技术层面发展为与景观生态设计紧密结合的生态雨洪管理理念,充分发挥城市自然生态系统在涵养水源、调蓄雨洪、水质保护、雨水资源化利用等方面的生态系统服务价值(ecosystem services value,ESV),通过科学、合理的规划设计,维护和提升城市自然水文循环过程,进而实现城市的永续发展。

2013 年 12 月 12 日,习近平总书记在中央城镇化工作会议上,提出建设自然积存、自然渗透、自然净化的海绵城市。针对目前城市出现的水生态破坏、水资源短缺、水环境污染、水安全风险、水文化消失等问题,海绵城市遵循"渗、滞、蓄、净、用、排"的六字方针,统筹考虑内涝防治、径流污染控制、雨水资源化利用和水生态修复等城市雨洪管理综合目标,把雨水的渗透、滞留、集蓄、净化、循环使用和排水密切结合,倡导推广和应用低影响开发建设模式,有效利用自然或近自然排水系统——生态雨水基础设施,建设"自然呼吸"的海绵城市。

1.1.3 海绵城市的雨洪管理

在我国,因传统雨洪管理存在弊端而提出了建设海绵城市,两者关系密切。第一,海绵城市建设视雨洪为资源,重视生态环境;第二,海绵城市建设的目标就是要减少地表径流和减少面源污染;第三,海绵城市建设将会降低洪峰和减小洪流量,保证城市的防洪安全。

1.海绵城市的雨洪资源化利用

(1)雨洪以及雨洪资源化利用

雨洪是指一定地域范围内的降水瞬时集聚或者流经本范围的过境洪水。雨洪资源化利用是把作为重要水资源的雨水,运用工程和非工程的措施,分散实施、就地拦蓄,使其及时就地下渗,补充地下水,或利用这种设施积蓄起来再利用,如冲洗厕所、洗衣服、喷洒道路、洗车、绿化浇水等。

雨洪资源化利用是综合性的、系统性的技术方案,不只是狭义上的雨水收集利用和雨水资源节约,还囊括了城市建设区补充地下水、缓解洪涝、控制雨水径流污染以及改善提升城市生态环境等诸多方面。

为什么说雨洪是资源?一般认为,洪水是灾害,造成的损失可能是巨大的。因此,对付雨洪的办法就是排洪、泄洪,似乎排泄越快、越彻底就越安全。为了排洪,河流被改造为泄洪渠道,堤坝高筑。防洪标准越来越高,堤坝也越来越高,但洪量、洪峰的危害也越来越大。然而,为什么会发生洪灾?为什么洪水越来越多?比如,武汉原来是六水三田一山,可现在的六水变成了三水,另三水被城市占用了。原来是湖泊的区域,现在成了城区,暴雨来了,被淹应该是可以预料的。又比如东莞,原本与河流水系相连的湿地或河漫滩,现在被城市建设占用。河堤把水系与这些低洼的区域隔离开来,河道的洪水被控制在河道里,但城区的雨水却由于地势低洼、排泄不畅而滞留下来,形成内涝(图1-2)。因此,可以说洪害和内涝是人为的,是城市在发展过程中占据了本该属于湖泊、湿地、河漫滩、洪泛的区域的后果。对于这本该是洪涝的区域,我们原以为可以通过堤坝围堵、排泄来解决问题,可不得不承认我们所面临的挑战越来越巨大。

更严重的问题是,当我们采取一切工程手段排洪、泄洪时,我们又面临越来越严重的旱灾。当好不容易把几天的洪水排掉后,可能面临的又是大半年的干旱缺水。许多城市的历史资料告诉我们,年降雨量在近50年来并没有太大的变化,但降雨强度和降雨频率变了。一次连续降雨,很可能占全年降雨量的30%～70%。如果把这30%～70%的雨洪全部排泄掉,干旱缺水也就无法避免了。因此,雨洪资源不仅能解决水资源缺乏的问题,还能从根本上改变我们的防洪防旱理念和解决工程、技术、设计问题,更解决了城市发展和城市安全的战略问题。

(2)雨洪资源化利用对城市的意义

城市的发展使得雨洪具有利害两重性。一方面,城市的发展改变了城市的土地性状和气候条件,使得城市雨洪的产汇流特性发生显著改变,增加了城市雨洪排水系统压力,从而使得城市雨洪的灾害性更为明显,如雨洪流量增大、流速加大、洪峰增高、峰现时间

(a)

(b)

(c)

(d)

图 1-2　强降雨产生城市内涝

提前、汇流历时缩短等。另一方面,雨洪对城市发展又有其潜在、重要的水资源价值。雨洪是城市水资源的主要来源之一,科学、合理地利用雨洪资源,可以有效解决城市水资源短缺问题,改善城市环境,保持城市的水循环系统及生态平衡,促进城市的可持续发展,具有极高的社会、经济和生态效益。

　　我国是一个缺水的国家,在全国(不含港澳台地区)669 个城市中,400 个城市常年供水量不足,其中有 110 个城市严重缺水(图 1-3)。随着城市化的快速发展,城市规模不断扩大,城市人口增加,工业迅速发展,城市用水紧张的问题日益凸显。同时,由于改革开放以来粗放、快速的经济增长,大量工业废水未经处理直接排入自然水体,导致富营养化等水体污染。包括地下水在内,我国已有超过 70％的水资源受到污染,水质型缺水成为水资源紧张的突出特征。

图 1-3　我国严重的旱灾情况

城市水资源的最大来源是降雨,海绵城市设施通过滞蓄、下渗,把城市降雨最大限度地留在城市当中,将城市雨洪转化为宝贵的水资源。雨洪资源化利用可以增加城市的水资源补给,缓解水资源紧张的压力,同时可以产生巨大的生态效益,改善城市小气候,减少城市地表径流量,控制雨洪过程,极大地减轻城市洪涝灾害,减少城市防洪排涝基础设施投资等。

想要利用雨洪资源,就需要在城市打造更多的湿地、湖泊、绿地、公园,城市的宜居程度和生态安全程度将得以提高,也为城市增加活动空间和生态空间。而这些空间的大小、形态、分布格局,都应该考虑历史最大连续降雨量、地形地势、城市发展格局。当然,雨洪是资源,如何存储这些资源也就成为海绵城市建设的关键。

2.海绵城市减少地表径流和增加就地下渗雨水

大气降水落到地面,会有以下三种情况:一部分蒸发变成水蒸气返回大气(大约占降雨量的40%),一部分下渗到土壤补充地下水(在自然植被区,大约占降雨量的50%),其余的降雨随着地形、地势形成地表径流(在自然植被区,大约占降雨量的10%),注入河流,汇入海洋。但是在城市发展的进程中,随着城市地表的硬质化,地表径流可以从10%增加到60%,下渗补充的地下水可能急剧减少,甚至是0。由海绵城市的定义可以知道,一个具有良好的雨水收集利用能力的城市,应该在降雨时就地或者就近吸收、存蓄、渗透、净化雨水,补充地下水,调节水循环。因此,减少地表径流、增加就地下渗雨水是打造海绵城市的重点。

雨水就地下渗的重要性表现为以下四点:一是把原来排走的雨水就地蓄滞起来,作为城市水资源的重要来源;二是降低地下排水渠道的排涝压力,减弱城市洪水灾害的威胁;三是回补地下水,保持地下水资源,缓解地面沉降以及海水入侵;四是减少面源污染,改善水环境,修复被破坏的生态环境等。

城市雨水就地下渗对于城市建设而言是一个挑战。除了增加湿地、湖泊等水系面积及下沉式绿地、公园、植被面积外,都市农业面积的保护、城市生态廊道的建设也是就地下渗的重点。这些都是大尺度上海绵城市建设的重要因素。至于雨水花园、透水铺砖、空隙砖停车场、透水沥青公路等都是小尺度上海绵城市建设的具体技术、工程、设计。这两个尺度上的海绵城市建设的终极目标,就是让雨水最大限度地就地下渗,或者最大可能地实现对地下水的补充。

3.海绵城市减少面源污染

水环境污染是由点源、线源和面源污染造成的(图1-4)。其中,面源污染是指以"面流"的形式向水环境中排放污染物的污染源,包括农田、农村和城镇的面源污染。它们在降水和地表径流的冲刷过程中,使大量大气和地表的污染物以"面流"的形式进入水环境。城市面源污染是城市水体污染的重要污染源。城市面源污染包括直接排放的污水和地表径流携带的污染物。当前,随着国家对面源污染治理力度的加大且逐步产生成效,点源污染治理达到一定水平,水污染的主要诱导因素发生转移,面源污染影响水环境质量的贡献比重加大,面源污染治理正逐步受到重视,但面源污染的发生存在时间随机、地点广泛、机理复杂以及污染构成和负荷不确定等特点,使传统的末端治理方法难以达到较好的效果。

图 1-4　城市水系污染

由于城市的扩展，地表不透水面积比例不断增高，径流系数也就随之变大。城市道路和广场的径流系数甚至会超过 0.9，硬质地面的下渗率很低。而且，形成地表径流的时间很短，地表径流来势猛，水量大，对污染物的冲刷强烈。因此，面源污染还具有突发性。

中国工程院院士、水文学及水资源学家王浩曾说："污染物是放错了位置的营养物。"例如，氮、磷直接排入水体，可能引起水体富营养化，造成环境污染；若氮、磷随地表径流进入城市绿地，则会成为绿地植被生长的重要营养物质。而且，在一定的可承载范围内，水系具有一定的自净化能力，环境具有一定的可塑性，就像一滴墨水滴在湖里，几乎没有影响，而滴在碗里的影响是显而易见。因此，总量控制很重要。

传统的城市开发模式的绿地（公路绿化带、城市绿化景观等）普遍高于硬化地面，地表径流携带的面源污染物顺着路面，汇集成洪流，进入水系（图 1-5）。这些面源污染量大、污染严重，一方面，绿地无法发挥雨水下渗功能，使水资源白白流失，大量的污染物进入水体，水系无法自我净化，造成水体污染；另一方面，植物生长需要的氮、磷等营养物质却随着地表径流进入雨水管网被排出了城市，营养物质白白流失，人类反而花费人力、财力为绿地施肥以维持其生长。

图 1-5　传统城市开发与面源污染

治理黑臭水体是当前海绵城市建设的重点任务之一。海绵城市正是根据污染物质的双重属性，运用低影响开发技术，建设生态基础设施，增加城市绿地面积，打造下沉式绿地，使城市的污染物随地表径流流入下沉式绿地内，有效减少城市的地表径流，减少面源污染，又将地表径流带来的污染转化为绿色植被生长所需的营养物质。显然，下沉式绿地是城市面源污染控制的重要措施,其主要的控制手段符合源头截污和过程阻断的原则,也符合将污染转化为资源的理念。

对于面源污染,源头截污就是在各污染发生的源头采取措施将污染物截留,防止污染通过雨水径流进行扩散。该手段可通过降低水流速度,延长水流时间,减轻地表径流进入水体的面源污染负荷。城市绿地、道路、岸坡等不同源头的截污技术包括下凹式绿地、透水铺装、植被缓冲带、生态护岸等。

过程阻断是减少面源污染的另一重要手段。海绵城市建设必须完善污水管道,保证所有的污水进入管道,并得以进入污水处理厂处理。另外,城市雨水应该尽可能不进入管道,因为通过城市雨水和径流冲刷,城市地表的悬浮物、耗氧物质、营养物质、有毒物质、油脂类物质等多种污染物由下水管网进入受纳水体,引起水体污染。因此,应该尽可能地让更多的雨水进入城市下沉式绿地、草地、草沟、公园以及各类雨水池、雨水沉淀池、植草沟、植被截污带、氧化塘与湿地系统等,将被阻断的污染转化为资源。

4.海绵城市降低洪峰和减小洪峰流量

地表特征是影响流域和城市水文特征的重要因素。未经开发的土地,地表植被覆盖率高,雨水下渗率大,径流系数小。降雨来临时,雨水首先经过植物截留、土壤下渗,当土壤含水量达到蓄满的程度时,后续降雨量就形成地表径流。地表径流汇合集聚,通过自然地形的坡地流入河道。随着降雨强度和降雨历时的增加,河道流量达到最大值,成为洪峰(图1-6)。

图1-6 暴雨洪峰

城市的扩展使大量地表植被破坏,地表普遍硬质化,雨水无法下渗进入土壤层和地下水,在很短的时间内形成地表径流,通过市政管道迅速汇入河道。持续降雨,使地表径流不断增加,河道水量迅速增长,在短时间内即达到洪峰流量。城市的河道洪峰出现时间比土地未开发时出现的时间要早,且洪峰流量大,极易形成洪滞灾害。同时,传统的城市经历一场连续暴雨,不但容易形成极大的洪水和洪峰流量,而且宝贵的雨水资源极有可能被排出城市,造成水资源浪费、水体污染,加剧旱灾。

海绵城市建设正是要克服传统的城市开发模式的弊端,尊重表土,保护原有的土壤生态系统,保障植物、植被的生长,实现蓄洪水面、湿地、绿地、雨水花园和公园等空间的最大化,雨洪就地下渗的最大化,地表径流、城市排水管道分散化和系统化,以及城市流域水系和汇水空间格局的合理化,最大限度地消除洪灾旱灾的威胁,保障城市水生态安全。

1.2　海绵城市建设的意义

高密度聚居的集约型城市发展模式,使得大多数中国城市下垫面的变化强度、对自然滞蓄能力的人为破坏程度、城市降雨径流污染负荷都远高于国外一些城市,中国城市面临比国外城市更加严峻的雨洪问题。海绵城市建设是政府在城市雨水管理方面提出的一项战略性重大决策,该项工作的实施涉及水利、市政、交通、城建、国土、发展和改革、财政、气象、环保、生态、农林及景观等多个领域的管理与合作。海绵城市的建设理念重新梳理了雨水管理与生态环境、城市建设及社会发展之间的关系,全方位解决水安全、水资源、水环境、水生态、水景观和水经济等相关问题,从而实现生态效益、社会效益、经济效益、艺术价值和碳减排效益的最大化。

1.2.1　海绵城市的生态效益

海绵城市建设可显著提高现有雨水系统的排水能力,降低内涝造成的人民生命健康及财产损失。透水铺装、下沉式绿地和生物滞留设施与普通硬质铺装及景观绿化投资基本持平,在实现相同设计重现期排水能力的情况下,可显著降低基础设施建设费用。

海绵城市建设的绿地、湿地、水面,能有效减少城市的热岛效应,改善人居环境。同时,也能为更多的生物提供栖息地,提高城市生物多样性的水平。更重要的是,海绵城市建设可以最大限度地恢复被破坏的水生态系统。"绿水青山就是金山银山",海绵城市是践行我国生态文明发展理念的重要措施。

总的来说,海绵城市建设可带来的生态效益主要包括以下几个方面:

① 控制面源污染。生物滞留设施、透水铺装和下沉式绿地等技术措施对雨水径流中的悬浮物(SS)、化学需氧量(COD)等污染物具有良好的净化能力,对城市水污染控制和水环境保护具有重要意义。

② 建立绿色排水系统,保护原水文下垫面。植被浅沟等生态排水设施大量取代雨水管道,生物滞留设施、透水铺装、下沉式绿地、雨水塘和雨水湿地的应用(图1-7、图1-8),低影响开发与传统灰色基础设施的结合,形成了较为生态化的绿色排水系统,而且能够有效降低城市径流系数,恢复城市水文条件。

③ 完善城市生态功能。海绵城市建设赋予城市公园绿地更好的生态功能,改善传统景观系统的层次感及其对雨水的蓄滞,以及下渗回补地下水的新功能。

④ 提升生态系统服务价值。海绵城市建设实施后,可以最大限度地恢复被破坏的水生态系统。水生态系统的恢复必然改善整个生态系统的结构和功能,从而提升区域生态系统服务价值。

图 1-7　纽约长岛南滨广场图

图 1-8　瑞典绿地广场

1.2.2　海绵城市的社会效益

海绵城市属于城市基础设施的一部分,是市民直接参与享用的公共资源。海绵城市的社会效益主要体现的是公共服务价值,具体分为以下几个层面:一是丰富城市公共开放空间,服务城市各类人群;二是构建绿色宜居的生态环境,提升城市品质与城市整体形象;三是改善人居环境,缓解水资源供需矛盾。海绵城市社会效益的重点是海绵城市与城市公共开放空间的关系。

海绵城市除雨洪资源的利用这个基本目的外,还有一个重要的社会目的,即构建一个集展示、休闲、活动和防灾避难于一体的多功能城市开放空间。一方面,海绵城市建设的现有载体如河流、湖泊、沟渠和绿地等公共资源,要在建设中加以保护、利用,给市民提供一个生态的公共空间。另一方面,海绵城市建设的新载体如新建绿地、街道、广场、停车场和水景设施等,都要打造成可供市民活动的公共空间。

（1）广场

广场作为城市的重要公共开放空间，不仅是公众的主要休闲场所，还是文化的传播场所，更代表着一个城市的形象，是一个城市的客厅。在广场的设计施工中，要采用海绵城市的理念及手法打造生态广场，如打造广场中的景观水池、透水铺装、高位花坛、下围绿地、树池等。生态广场不但是公共空间，而且是海绵城市建设的科教展示场地，同时也成为海绵城市建设的示范点。例如，图1-9、图1-10分别为迪拜的绿地广场以及中国抚州三翁花园。

图1-9　迪拜的绿地广场

图1-10　中国抚州三翁花园

（2）公共绿地

公共绿地是城市生态系统和景观系统的重要组成部分,也是市民休闲游览及交往的场所。海绵城市建设所涉及的雨水花园、湿地公园、河道驳岸、微型雨水塘、植被缓冲带、植物浅沟、雨水罐、蓄水池、屋顶花园和下凹式绿地等,丰富了城市公园的种类,也提高了公园的品质和景观价值。图1-11为重庆嘉悦江庭小区的公园绿地景观。

图 1-11　重庆嘉悦江庭小区

1.2.3　海绵城市的经济效益

（1）新常态经济

中国经济经历了超高速增长阶段,逐步转向中高速和集约型增长,由"唯 GDP 论"进入可持续的关注综合价值的新发展阶段,新常态经济的时代已到来,并将在很长一段时间成为中国宏观经济格局的基本状态。新常态下,经济发展方式将从规模速度型粗放增长转向质量效率型集约增长,经济结构将从增量扩能为主转向调整存量、做优增量并存的深度调整,经济发展动力将从传统增长点转向新的增长点。在宏观经济背景调整的大趋势下,海绵城市的产生和建设不是偶然,而是新常态下经济发展的必然诉求。

① 海绵城市是经济增长方式向集约型、再生型转变的典型代表。

新常态下,经济增长方式由配置型增长向再生型增长方式转变,资源的集约效率利用将取代粗放经营。根据再生经济学原理,无直接经济效益的长期基本建设投资永远优先于有直接经济效益的中短期基本建设投资,基本建设投资永远优先于生产资料生产投资,生产资料生产投资永远优先于消费资料生产投资。海绵城市建设将雨洪作为资源充分利用,是集约型发展的典范;同时,作为具有长期效益的基本建设投资,海绵城市建设亦符合再生型经济发展的基本规律。可以说,海绵城市顺应大势和符合国情,是新经济增长方式的代表。

② 海绵城市是新常态下金钱导向转变为价值导向的示范标杆。

新常态下经济的核心是价值,由单一的金钱导向转变为以人民幸福为中心、以综合价值为目标及以社会全面可持续发展为导向:仅以金钱论,海绵城市是最基础的公共服务类设施,不以盈利为目的,但若以价值论,其关系民生福祉和百代生计,产生的综合效益和间接效益难以估量。国家及全社会对海绵城市建设的重视,也正体现了新常态下经济价值观的转变,将对整个社会幸福及可持续发展起到良好的示范、带动作用。

（2）新型城镇化

新型城镇化,包括海绵城市这个词,是习近平总书记在 2013 年 12 月 12 日中央城镇化工作会议上提出的,当时新型城镇化可概括为两个方面:一是基础设施的一体化,二是公共服务的均等化。海绵城市作为绿色基础设施和公共生态服务,是在中国城镇化进入相对成熟的发展阶段和转型重要节点上提出的,可以理解为是新型城镇化建设的重要组成部分,与新时期城镇化建设密不可分。

中国在改革开放 40 多年中,城市空间扩大了两三倍,截至 2022 年,城镇化率达到

65.22%，但东西部地区存在很大的差异。当西部地区还在以外延式城市发展为主时，东部地区可能已经从增量优化过渡到了以存量调整为主的城镇化阶段，提高服务标准的城镇化方式将成为未来一段时间内城镇化建设的主流。新型城镇化的"新"，就是要由过去片面追求城市规模扩大和空间扩张，转变为以提升城市的文化和公共服务等内涵为中心，真正使我们的城镇成为具有较高品质的宜居之所。中国发展研究基金会估计，中国未来的城市化会拉动50亿元规模的投资需求。海绵城市处在这样的利好背景下，将成为公共服务均等化和城市建设品质提升的有力推手，成为中国城镇化转型的前沿示范。

（3）海绵城市建设的市场分析

① 海绵城市产业链体系。

海绵城市建设涉及技术服务、材料、工程、仪器、管理及居民生活等多个领域，不是简单的传统的土建领域，不仅将整合已有生态产业体系，还将催生新兴产业，这是对整个产业的整合、细化和升级，推动"微笑曲线"向高价值端延展。海绵城市产业链及微笑曲线见图1-12。

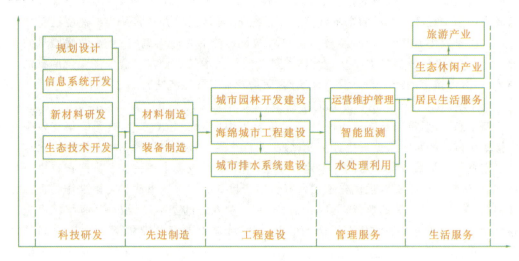

图 1-12　海绵城市产业链及微笑曲线

海绵城市建设本身，将带动生态工程开发和城市园林产业建设，加速推进城市排水系统升级改造；在上游端，将全面激活相关技术研发、规划设计和新材料、新装备的研发制造环节；在下游端，将拉动运行维护管理、智能监测和居民生活休闲产业，向第三产业延展，从而形成一个带动力强劲的产业链体系，推动科技、制造业和服务业协同发展。

② 海绵城市市场前景预测。

随着2015年4月海绵城市建设初试点城市名单的正式公布，一股建设海绵城市的热潮在全国兴起。中央财政的专项资金补助在200亿元左右，财政补助时间为3年，具体补助数额按城市规模分档确定：直辖市每年6亿元，省会城市每年5亿元，其他城市每年4亿元。对采用PPP模式达到一定比例的，将按上述补助基数奖励10%。而各试点城市在海绵城市建设投资的数额，从几十亿元到几百亿元不等，如南宁投资95.19亿元，常德投资则高达250亿元。

国家财政补贴结合社会资本投入，海绵城市通过带动相关产业发展，将带来新的经济增长点，预计每年拉动的市场投资达上万亿元，"十三五"期间，海绵城市最少能形成6万亿的市场规模。如此庞大、活跃的市场，预示着海绵城市建设的美好前景。

1.2.4　海绵城市的艺术价值

海绵城市是指城市像海绵一样，在适应环境变化和应对自然灾害等方面具有良好的"弹性"。其建设理念为将自然途径与人工措施相结合，对城市生态进行恢复性改造。从艺术的角度评价海绵城市，作为一个低影响开发性的生态工程，其意义不仅仅在于对生态环境的保护和恢复，更在于对景观艺术设计及美好城市形态建设等诸多方面的创新性影响。

它遵循一个生态可持续的建设原则，而非人工地、强制性地改造。海绵城市的打造是基于尊重自然规律并且敬畏生态系统的理念，在改造和建设的同时，最大限度地保护城市原有生态系统。让水流动，让树生长，让万物依照大自然原有的系统规律，所有元素自行循环再生，最后归于初始。这是人类在审视过去城市建设中出现的种种弊端后，重新向大自然学习，旨在恢复自然的生态之美。

因此，海绵城市的景观营造不是单方面只注重观赏性，而是在景观设计的同时兼顾生态改造，做到功能与艺术性并重。

海绵城市的艺术价值体现在创新和有效的景观设计中。许多低影响开发设施都兼有景观提升的作用，如湿地、坑塘、雨水花园和植被绿化带等，它们在改造城市的同时美化城市，点缀着一座钢铁水泥的城市，使整个城市更具生机，景观层次更为丰富多样。例如天津桥园湿地公园（图1-13），它利用雨水细胞这一简单的模式，最大化地创造了丰富边缘的原生景观，造就了良好的景观设计感和视觉连续性。

这些设施生于自然并融于自然，相较传统的景观设计，给人以全新的景观感知、视觉感受，以及艺术享受。

海绵城市的艺术价值还体现在对空间形态的塑造上。不同形态的用地，其空间营造的手法也不同，如在打造生态驳岸（图1-14）的过程中，会通过湿生植被、灌木和常绿乔木的搭配种植，起到稳固堤岸、减少污染及降低径流速度等作用。湿生植被、灌木和常绿乔木这三种类型的植被带，由于植物自身高度及形状等外在的差异，在空间上形成错落感，营造出了起伏的植被天际线。这在空间形态的塑造上形成了一种韵律感，给人带来了一种与众不同的视觉享受，即一种审美愉悦感。

戴家湖公园视频

图 1-13　天津桥园湿地公园

图 1-14　生态驳岸——Llobregat 河环境恢复

1.2.5　海绵城市的碳减排效益

海绵城市建设能够有效地实现碳减排，这不仅有效缓解了城市内涝问题，还能降低城市的热岛效应，进一步提高城市的环境质量。从海绵城市建设的主要技术措施来看，其碳减排效益包括以下几个方面。

1. 绿色屋顶等绿化系统的碳减排效益

绿地系统在生态环境中发挥着不可替代的碳氧平衡作用，被誉为"城市之肺"，越来越受到城市规划和建设者的重视。栽种植物作为最好的自然碳汇方法，在整个过程中不消耗能量，不加大碳排放总量，且植物本身仅通过光合作用等就能很好地实现碳捕获和固化绿地系统，通过植物的光合作用吸收大气中的二氧化碳，并将其转化为有机物保存在植物的根系和土壤当中。研究发现，一个社区根据社区内绿化情况固碳能力在 17～117 t/hm²。因此绿地系统可有效增加植物对碳的吸收，发挥绿地系统的碳汇作用。

海绵城市的绿色屋顶等技术是实现碳减排的重要途径之一。据研究,绿色屋顶的减碳能力与植被的类型、土壤基质类型和厚度等因素均有较大关系。简单式和复杂式绿色屋顶对二氧化碳的吸收和固定能力平均约为 0.365 kg/(yr·m²)。绿色屋顶通过其植物的遮阳和蒸腾作用吸收空气中热量,降低屋顶表面和周围环境空气温度,对其所处建筑的能耗降低也起到一定的作用,直接减小了产能相关的碳排放。其同时具有保温、缓解城市热岛效应、减少空气污染物排放、封存二氧化碳等优点。绿色屋顶上的植物,还可使建筑物的外墙和屋顶温度最大降低 $11\sim25\ ^{\circ}C$,参考我国煤电碳排放系数,绿色屋顶可减少二氧化碳排放量约 6 kg/(yr·m²)。同时,绿色屋顶对雨水径流的减排可有效减少城市排涝泵站的运行负荷,间接减少碳排放量。

2.渗透铺装的碳减排效益

透水铺装是低影响开发技术中应用较为广泛,且技术较为简单的措施。通过透水铺装能够有效地减少城市微环境的热岛效应,与沥青铺装和混凝土铺装相比,透水铺装具有减小地表表面温度、碳蓄合等作用,同时能够影响周边环境的地表水和空气温度。

渗透铺装的碳减排作用也体现为其对径流总量的削减作用,透水铺装相较传统的沥青铺装和混凝土铺装,铺装表面具有更好的下渗能力,区域外排的雨水径流总量减少,从而减少了雨水泵站的运行能耗,且外排的雨水中污染物的总量也有所减少。这样同时削减了雨水泵站和排水管网的运行能耗,以及水厂处理 COD 等污染物的能耗,从而间接地减少了碳排放。

3.生物滞留设施/下凹式绿地的碳减排效益

相同的绿色面积,由于生物滞留设施植被的复杂性和多样性,其对空气中的二氧化碳的吸收和固定作用也好于普通的绿地系统。且在生物滞留设施的布置中,可以通过进一步优化植物的种类和各种植物类型的配比,增加整个生物系统的碳汇量。对于下凹式绿地而言,其植物的固碳作用与普通的绿地系统没有明显的区别。

生物滞留设施的使用,使得相同的绿化区域面积下渗了更多的雨水径流,减少了雨水泵站及排水管网的运行能耗,同时使得区域内外排雨水径流的水质获得改善,减少了城市雨水处理的相关能耗,其碳减排效益可参考绿色屋顶对化石能源降耗减排的作用进行分析。

4.其他低影响开发措施的碳减排效益

其他低影响开发措施如植被缓冲带、植草沟等措施,均对区域内的径流总量和径流污染有一定的控制作用,因此可以从绿化系统直接减排和化石能源降耗减排的角度来分析它们的碳减排效益。

【综合案例】

上海植物园北区扩建项目"双碳"目标实施路径

上海植物园北区内部现状水系位于中部,呈东西向,宽 4~8 m,与外界水系不连通;内部沟通不畅,多处断头,水质浑浊。一墙到顶的直立式挡墙将植物园南、北区与自然水体隔开，同时影响了亲水效果和景观效果。

上海植物园北区扩建项目（图1-15）在突出园艺展示水平的基础上遵循"低强度开发"原则，在场地、建筑、游路、材料等方面均应用了低碳技术，以达到"节约能耗，减少排放"的目的。结合上海植物园北区扩建项目现状及设计方案，综合考虑项目中低碳技术的可行性，具体实施的低碳技术措施分别为海绵城市措施、绿色建筑技术、功能型植物应用及其他辅助生态技术措施。项目主要应用调蓄削峰措施，调整了水系，将场地内铺装改为透水铺装，使其具有调蓄容积功能。北区新建的9栋建筑使用了保温材料，建筑内空调暖通等也都应用了能耗低、效率高的先进设备，满足绿色建筑的要求。园区内组织绿道系统，除了铺装的材料改用透水混凝土、透水砖等材料外，在排水沟和雨水口的设计上也独具匠心。应用水生植物净化水质，维持水生态平衡，对土壤进行改良以适应更多珍贵植物品种。另外，还应用智能化系统，使照明、喷灌、温室管理等更节能。

图1-15　上海植物园北区扩建项目总平面图

碳达峰、碳中和作为国家重要战略目标，成为城市建设各行各业关注和践行的技术发展方向，植物园是公园绿地的特殊类型，具有科学研究、引种驯化、植物保护以及观赏、游憩、科普的综合性功能，因此植物园建设项目有更大的空间及更丰富的要素与低碳理念和技术加以结合。

思考探究：请同学们查阅资料，探究本项目各项低影响开发技术的碳减排指标，计算分析本项目的降碳效益。

资料来源：王铁飞."双碳"目标背景下上海植物园北区扩建项目低碳实施路径研究[J].园林，2022，39（5）：111-117.

【课后习题】

1.简述海绵城市的定义。

2.探讨重庆市海绵城市建设的现状。

3.简述雨洪资源化利用的意义。

4.简述海绵城市建设的意义。

5.结合当前政策分析海绵城市建设如何实现"碳减排、碳达峰"目标。

6.探讨海绵城市建设对于当前水污染治理与资源保护的作用和意义。

2　海绵城市建设的国内外现状

📁 学习目标

知识目标	了解国外海绵城市建设现状; 掌握国内海绵城市建设情况; 了解国内海绵城市建设存在的问题
能力目标	能分析国内外海绵城市建设的区别与联系; 针对国内海绵城市建设存在的问题,提出针对性的措施; 具备理论联系实际、将理论知识转化为实践的能力
素质目标	具备查阅资料,独立思考、解决问题的能力; 具备实事求是、团结协作的职业素养; 具备与时俱进的学习能力,能够运用新知识、新规范解决问题

📁 教学导引

　　自 2013 年我国提出建设海绵城市以来,一系列政策、法规相继出台。《中华人民共和国国民经济和社会发展第十四个五年规划和 2035 年远景目标纲要》中提出:"增强城市防洪排涝能力,建设海绵城市、韧性城市"。党的十九届五中全会提出:"推进以人为核心的新型城镇化"。海绵城市建设是新型城镇化建设的重要组成部分。海绵城市建设在我国城市建设发展中发挥着至关重要的作用,经过近十年的建设发展,我国海绵城市建设与国外相比有什么区别与联系?我国海绵城市建设发展到了什么程度?还存在哪些问题?

2.1 国外海绵城市建设

2.1.1 国外海绵城市技术研究

一些发达国家已经形成了相对完善、适合本国技术法规体系的现代化城市生态雨洪管理模式体系，并将其很好地应用于城市景观和基础设施的规划设计与建设中。例如：美国创立了最佳管理措施(best management practices，BMPs)、精明增长(smart growth，SG)模式、低影响开发(low impact development，LID)；英国推行可持续城市排水系统(sustainable urban drainage systems，SUDS)模式；澳大利亚提倡水敏感城市设计(water sensitive urban design，WSUD)模式；新西兰制定了低影响城市设计和开发(low impact urban design and development，LIUDD)体系。此外，还有德国的洼地-渗渠系统(mulden rigolen system，MR)模式，新加坡的 ABC 水计划(active & beautiful & clean，活跃-美丽-洁净水项目)。

(1)最佳管理措施

最佳管理措施(BMPs)是美国于 20 世纪 70 年代提出的雨水管理技术体系，其最初关注的焦点是非点源污染的控制，通过单项或多项最佳管理措施组合来预防或控制非点源污染，确保受纳水体的水质达标。1972 年通过的《美国联邦水污染控制法》(*Federal Water Pollution Control Act Amendment*，*FWPCA*)，首次从立法层面提出了 BMPs 的概念。1987 年颁布的《清洁水法案修正案》(*Amendment to the Clean Water Act*)，制定了关于非点源污染控制的条款。经过数十年的发展，2003 年出台的第二代 BMPs 已经发展为针对暴雨径流控制、土壤侵蚀控制、非点源污染控制等的雨水综合管理决策体系，也更为强调与自然条件(植物、水体等)结合的生态设计和非工程性的管理办法。美国国家环境保护局将 BMPs 定义为"特定条件下用于作为控制雨水径流量和改善雨水径流水质的技术、措施或者工程设施的最具成本效益的方式"。

BMPs 体系包括工程性措施和非工程性管理措施两部分。工程性措施主要包括滞留池、渗透设施、雨水塘、雨水湿地、生物滞留设施以及过滤设施等源头控制 BMPs(source control BMPs)和处理 BMPs(treatment BMPs)；非工程性管理措施则指各种源头控制或污染预防的行政法规和管理性措施，如土地使用规划、城市环境管理、街道清扫、垃圾管理等，它可以有效控制污染物，并且减少工程性措施的需要。BMPs 的目标有以下几个方面和层次：洪涝与峰流量控制、污染物控制准则、水量控制、地下水回灌与受纳水体的保护标准、生存环境保护和生态可持续性战略(即生态敏感性雨洪管理)。目前，BMPs 已在全球包括美国、意大利、德国、日本在内的许多国家广泛运用。在全美范围内不同的州和地方政府都制定了大量有关 BMPs 的法律、法规和政策，并出现了多个成功案例，例如：佛罗里达州埃佛格雷地区(Florida Everglades)生态系统复建规划案例中的奇色米河(Kissimmee River)的复建、俄奇却比湖(Okeechobce Lake)的保护以及营养盐减量计划(ENR project)。

（2）低影响开发

低影响开发（LID）是在 BMPs 的实践中发展起来的城市雨水管理的新概念，由于经典 BMPs 体系主要通过末端调控措施（塘和湿地等）来对雨水进行控制，存在以下缺陷：占地面积较大，在空间有限的城市区域，其应用往往受到限制；建设和维护成本较高；处理效率较低，尤其是在对水环境要求较高的区域，水质往往难以达标；有可能与后续上游的洪峰相遇，产生叠加效应，增加下游地区的雨洪威胁等。在城市高速发展和扩张的背景下，BMPs 管理模式已经不能消除环境造成的强烈影响，1990 年最早由美国马里兰州（Maryland）乔治王子县（Prince George's County）提出了一种微观尺度的 LID 理念与技术体系，作为宏观尺度的 BMPs 的有效补充。LID 理念的核心是通过合理的场地设计，模拟场地开发前的自然水文条件，采用源头调控的近自然生态设计策略与技术措施，营造出一个具有良好水文功能的场地，最大限度地减少土地开发导致的场地水文变化及其对生态环境的影响。

与 BMPs 相比，LID 强调通过分散式、小规模调控措施对雨水径流源头进行控制，更多体现的是一种贯穿于整个场地规划设计过程的场地开发方式和设计策略。LID 设计通常需要综合渗透、滞留、储存、过滤及净化等多种控制技术，主要分为保护性设计、渗透技术、径流调蓄、径流输送技术、过滤技术、低影响景观等六部分，见表 2-1。

表 2-1   LID 技术体系分类

项目	技术说明
保护性设计	通过保护开放空间，减少不透水区域的面积，降低径流量
渗透技术	利用渗透减少径流量，处理和控制径流，补充土壤水分和地下水
径流调蓄	对不透水面的地表径流进行调蓄、利用、渗透、蒸发等，削减径流排放量和峰值流量，防止侵蚀
径流输送技术	采用生态化的输送系统，降低径流流速，延缓径流峰值时间等
过滤技术	通过土壤的过滤、吸附、生物等作用，处理径流污染，减少径流量，补充地下水，增加河流的基流，降低温度对受纳水体的影响
低影响景观	将 LID 措施与景观相结合，选择适合场地和土壤条件的植物，防止土壤流失并去除污染物等，有效减少不透水面积、提高渗透潜力、改善生态环境等

LID 体系也包含结构性措施和非结构性措施两种策略。结构性措施，主要有生物滞留池和雨水花园、植被浅沟、植被过滤带、洼地、绿色屋顶、透水铺装、种植器、蓄水池、渗透沟、干井等；非结构性措施，包括街道和建筑的合理布局、增加植被面积和可透水路面的面积等。相对于传统的雨洪管理措施，LID 具有适用性强、造价与维护费用低、运行维护简单等优点，并且可以减少集中式 BMPs 设施的使用，已经被美国、加拿大、日本等一些国家应用于城市基础设施的规划、设计与建设领域。例如：美国西雅图和波特兰的绿色街道项目、波特兰会议中心雨水花园（图 2-1）以及波特兰塔博尔山中学雨水花园［获2007 年 ASLA（American Society of Landscape Architects，美国风景园林师协会）专业奖］等。

图 2-1 美国波特兰会议中心雨水花园

（3）可持续城市排水系统

可持续城市排水系统（SUDS）模式是英国为解决传统排水体制产生的多发洪涝、水体污染和环境破坏等问题，在 BMPs 的基础上发展建立的本土化的雨水管理措施体系。英国国家可持续城市排水系统工作组于 2004 年发布了《可持续排水系统的过渡期实践规范》报告，提出了英格兰和威尔士实施可持续城市排水系统的战略方法以及详细的技术导则。SUDS 将长期的环境和社会因素纳入城市排水体制及排水系统中，综合考虑径流水质与水量、城市污水与再生水、社区活力与发展需求、为野生生物提供栖息地、景观潜力和生态价值等因素，从维持良性水循环的高度对城市排水系统和区域水系统进行可持续设计与优化，通过综合措施来改善城市整体水循环。

图 2-2 所示的 SUDS 雨水径流管理链清楚地说明了 SUDS 是由以下四个等级组成的管理体系：径流和污染物的管理与预防、源头控制、场地控制以及区域控制。首先是利用场地设计和家庭、社区管理，预防径流的产生和污染物的排放；其次是在源头或接近源头的地方对径流和污染物进行源头控制；最后是较大的下游场地和区域控制，对来自不同源头、不同场地的径流施行统一管理（通常使用湿地和滞留塘），其中径流和污染物的管理与预防、源头控制两级处于最高等级，SUDS 强调从径流产生到最终排放的整个链带上对径流的分级削减、控制，而不是通过管理链的全部阶段来处置所有的径流。

SUDS 的技术措施类似于 BMPs 和 LID 技术，也可以分为源头控制、过程控制和末端控制三种途径，以及工程性和非工程性两类措施，这些技术和措施相互配合，贯穿整个雨水径流的管理链。目前，爱尔兰、瑞典以及英国的英格兰、威尔士、苏格兰等国家或地区已经广泛推行 SUDS 体系，例如，在英国伦敦地区的哈罗（Harlow）新城的规划和建设中，运用 SUDS 对地表径流和潜在的污染源进行有效管理，给居住区、商业开发区和工业场地带来了利益。

（4）水敏感城市设计

水敏感城市设计（WSUD）是澳大利亚于 20 世纪 90 年代末，针对传统城市排水系统

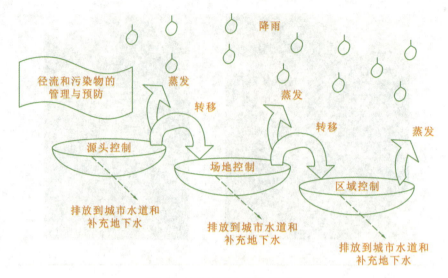

图 2-2 SUDS 雨水径流管理链

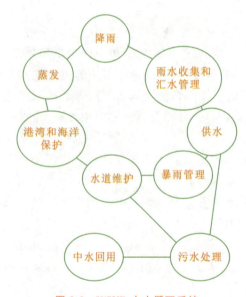

图 2-3 WSUD 中水循环系统

所存在的问题发展起来的一种雨水管理模式和方法，最早在 1994 年由 Whelan 等人提出。WSUD 体系的核心观点是把城市水循环作为一个整体，认为水是城市宝贵的资源，将雨水、供水、污水（中水）管理视为水循环中相互联系、相互影响的环节，加以统筹考虑（图 2-3）。与 BMPs、LID 等相比，WSUD 的核心也是雨水管理，但涉及的内容更为广泛和全面，还包括减少流域之间水的传输（给水供应、废水排放）以及城市区域雨水的收集利用等内容。

WSUD 倡导将水文循环和城市规划、设计、建设发展过程相结合，认为城市的基础设施、建筑形式应与场地的自然特征一致，通过合理设计、利用具有良好水文功能的景观性设施，让城市环境设计具有"可持续性"，从而减少对结构性措施的需求，减少城市开发对自然水循环的负面影响，保护敏感的城市水系统的健康，并提升城市在环境、游憩、美学、文化等方面的价值。

WSUD 的关键性原则有：保护现有的自然特征和生态系统；维持汇水区的自然水文条件；保护地表和地下水的水质；降低管网系统的需求；减少排放到自然环境中的污水量；将一系列雨水、污水技术与景观相结合。在 WSUD 的雨水管理系统中，具体的技术措施及体系与 BMPs、LID、SUDS 类似。WSUD 体系提出了一系列将雨水管理纳入城市规划设计与景观设计的实现途径和措施，旨在改变传统的城市规划设计理念，实现城市雨水管理的多重目标。目前，澳大利亚全境尤其是墨尔本（Melbourne）流域已经大范围推行 WSUD 体系,并开发出了城市暴雨管理概念模型软件(model for urban stormwater improvement conceptualization,MUSIC)。

(5)低影响城市设计和开发

低影响城市设计和开发(LIUDD)体系是新西兰在借鉴 LID、WSUD 等体系的基础上发展而来的。LIUDD 试图通过一整套综合的方法避免传统的城市发展所带来的社会、经济、自然的一系列负面影响,保护陆地和水生生态系统的完整性。LIUDD 可以看成多种理念的综合,LIUDD＝LID(低影响开发)＋CSD(conservation subdivisions,小区域保护)＋ICM(integrated catchment management,综合流域管理)＋SB/GA(sustainable building/green architecture,可持续建筑/绿色建筑)。

LIUDD 的关键性原则可以分为三个层次,上一层次的原则被融入下一层次的原则中,并被细化。LIUDD 体系的首要原则也是重要的原则,即人类的活动要遵从自然生态系统的物质循环和能量流动,最大限度地减少负面效应,实现 ICM 的最优化方案。LIUDD 将流域视为城市规划、设计与管理的基本空间单元,每个空间单元的生态承载力是土地利用和水资源利用优化设计时考虑的核心问题。第二层次的原则包括选择城市发展区域中最适宜的场地;有效采用基础设施和保护、设计生态设施;减少空间单元的输出和输入。第三层次的原则主要包括利用 CSD 方法(分散式)来保持开放空间和提高基础设施的效率,利用“三水”(供水、废水及雨水)的水资源综合管理(integrated waters management,IWM)来减少污染和保护生态,优化生态系统循环。当雨水管理的非工程性措施的边际成本显著高于其边际效益,不得不采用工程性措施时,LIUDD 强调采用生态和近自然的工程性措施,如下渗、截留和蒸发等。

(6)洼地-渗渠系统

德国是欧洲开展城市雨水管理实践的典范,也是最早提出“径流零增长”暴雨管理理念的国家之一。在 1996 年的德国联邦水法补充条款中提出了“水的可持续利用”理念,强调“排水量零增长”。洼地-渗渠系统(MR)是该理念的良好体现,其核心组件是洼地、渗渠和排水管道,雨水径流就地汇流至洼地中短期储存,并通过排水管道(管道带孔且有可调节的溢流阀)连接到渗渠中进行长期储存、渗透。

MR 系统设计灵活,适用范围广,已经被实践证明是行之有效的暴雨径流就地消纳与处理措施,目前在全球范围尤其是欧洲大陆被广泛采用,例如德国汉诺威市(Hannover)为 2000 年汉诺威世博会而开发的康斯伯格(Kronsberg)居住小区(图 2-4)。

图 2-4　德国汉诺威市康斯伯格居住小区

2.1.2　国外雨水管理的法律法规与激励政策

美国联邦、州、县等各级政府都积极立法,制定完善的法律体系,以实现雨水的科学管理。美国国会分别在 1948 年、1965 年、1997 年颁布了《美国联邦水污染控制法》(FW-PCA)、《水质法案》(Water Quality Act,WQA)和《清洁水法》(Clean Water Act,CWA),强调要求对所有新建或改建开发区实行"就地滞洪蓄水",即开发后的雨水下泄量不得超过开发前的水平。20 世纪 90 年代,美国联邦政府又制定了国家污染物排放削减许可制度(national pollutant discharge elimination system,NPDES),要求市政分流制暴雨管道系统的所有者或经营者必须采取相应的污染源控制措施,获取 NPDES 暴雨排放许可证。在美国联邦法律基础上,佛罗里达州、宾夕法尼亚州、科罗拉多州等相继制定了各州的法律法规和雨水利用条例,从立法层面强调对暴雨径流及其污染的控制。

除了制定雨水排放许可制度外,美国联邦和各州政府还采取了总税收控制、政府补贴与贷款、发行义务债券等一系列的经济激励手段,鼓励业主采用新的雨水处理与利用方式。1980 年以来,美国一些地区,如科罗拉多州的科林斯堡市(Fort Collins)、华盛顿州的奥林匹亚市(Olympia)根据综合径流系数或不透水地表面积,以社区为单位,建立了雨水排放费(税)征收机制;俄勒冈州的波特兰(Portland)于 2000 年、2001 年相继制定了"清河雨洪管理减税政策"和"城市中心区生态屋顶建设的容积率奖励办法",并于 2006 年正式执行"雨水排放减税计算模型及计费系统"。

在欧洲,2010 年英国会议通过了《洪水与水管理法案》,规定所有新建项目都必须采用 SUDS 系统,并由环境、食品和农村事务部负责制定关于 SUDS 系统设计、建造、运行和维护的国家标准。德国于 1986 年、1996 年先后两次对联邦水法进行修订,加入义务节水与保障水供应的总量平衡、水的可持续利用与排水量零增长等内容。以《美国联邦水污染控制法》为导向,德国各州相继出台了地区法规或法律条文,要求加强自然环境的保护与水的可持续利用。此外,德国在 1980 年颁布了针对城市在开发区的《绿屋顶法案》(Green Program);1989 年又通过立法规定,所有平顶工业建筑必须实施屋顶绿化。

此外,德国还通过征收高额的雨水排放费等经济手段鼓励用户采用雨水利用措施,有力地促进了雨水处置与利用的理念与方式的转变。各个城市根据生态法、水法以及地方行政费用管理条例等的规定,制定各自的雨水排放费征收标准(和污水排放费用一样,通常为饮用水水费的 1.5 倍左右),结合当地降水情况,业主所拥有的不透水地面面积,计算出应缴纳的雨水费。对于主动收集并使用雨水的业主,不仅免于征收雨水排放费,还可以获得一定数额的"雨水利用补助"经济奖励。

2.1.3　国外生态雨洪管理案例

1.美国康涅狄格州水处理厂公园

美国康涅狄格州水处理厂公园(图 2-5)位于美国纽黑文市市郊,濒临米尔河流域底部的惠特尼湖。在每 1 平方英尺只有 5 美元的有限预算下,该项目完成了景观、建筑、审美之间的艺术互动,同时也体现了实施雨洪管理所带来的经济价值。

图 2-5 美国康涅狄格州水处理厂公园

该设计首先通过对场地地形的处理,将雨水收集到一个可以补给地下水位的水塘里,通过沼泽地引导地表径流经过农田、山谷、草地等景观。在这些过程中,地面雨水径流的流向得以控制和利用。雨水通过预先设计的"山谷"进行传输,在这个过程中,一部分雨水完成了下渗和过滤,剩余雨水流经下游的几个雨水塘中,进行下一步的过滤渗透和净化,最后这些经过净化的雨水排入相邻的河道中。其次,场地的建筑设计为绿色屋顶,场地的暴雨和屋顶上的雨水从其流过后得到了充分的过滤和净化。在植物的设计上,突出了季相和质地的变化,这些植物在发挥吸收和净化雨水作用的同时也在发生自身的自然演化。最终这些因素完美结合,向人们展示了一个水处理厂的工作流程,形成将社区公共空间营造、生态可持续景观打造、雨水利用三者有机结合的多功能土地利用范例。

2. 零能耗的英国贝丁顿生态社区

贝丁顿所在的英国南部地区属于典型的温带海洋性气候,气候温和,四季湿润,温差较小,一年当中气温通常最低不低于 -10 ℃,最高不超过 32 ℃。英国冬季由于雨水较多,日照时间较短,这样阴冷的天气使得接近半年的时间需要使用暖气;而夏季则要舒适很多,短暂的高温过后是一个凉爽的夏天。

设计目标:建成一个零化石能耗发展社区(图 2-6),即整个小区只使用可再生资源产生满足居民生活所需的能源,尤为强调对阳光、废水、空气和木材的可循环利用,不向大气释放二氧化碳,其目的是向人们展示在城市环境中实现可持续居住的解决方案以及减少能源、水和汽车使用率的各种良策。

(1)雨水源头减排与收集

屋顶雨水收集:每栋房子的地下都安装有大型蓄水池,屋顶雨水通过过滤管道流到蓄池后被储存起来。蓄水池与每户厕所相连,将雨水用于冲洗马桶。

住宅的屋顶雨水缓滞:用景天属植物减缓雨水流到地表的速度,防止雨水流速过快而导致地表积水。

停车场雨水收集:用带孔地砖铺砌,以减少地面径流。

雨水传输与调节:经屋顶花园、路面和铺地流走的雨水被排向社区入口一侧曾经干涸的渠道里,形成水景,增添野趣。

图 2-6　英国贝丁顿生态社区

（2）废水利用

每户都安装了小型生物污水处理设备，称为"生活机器"（living machine）。它可以将污水中的养分提取出来作为肥料，污水处理后与收集的雨水一起用来冲洗厕所。冲洗厕所后的废水经过生化处理后，一部分用来灌溉生态村里的植物和草地，另一部分重新流入蓄水池中，继续作为冲洗用水。

（3）节水措施

在厨房中安装醒目的水表，以鼓励节水。节水装置包括节水喷头（每分钟水流量为14 L，普通喷头为20 L）、节水龙头（每分钟水流量为7 L，普通水龙头为20 L）、双冲马桶（一次冲水量为2～4 L，普通马桶一次冲水量为9.5 L），以及小容量浴缸。

3. 澳大利亚爱丁堡雨水花园

澳大利亚爱丁堡雨水花园（图 2-7）位于爱丁堡公园内，能为周围的树木等植物和运动场提供经过处理的灌溉雨水，既为美丽的公园增加了一道独特的景观，又激发了游客的兴趣，具有非凡而深刻的意义。该雨水花园的建设化解了当地饮用水和灌溉水缺乏的双重危机。花园里有各种水景景观和相应的设施，能收集和储存雨水，进行水体净化并通过分流管分流给需要的区域。水源经过过滤介质和各种植被的自然作用实现净化，花园里的四个平台方便游客欣赏景色，进行户外活动。经过设计，整个雨水花园每年吸收 16000 kg 的固体悬浮颗粒，同时通过植物生长吸收 160 kg 的营养盐、氮等一些元素，减少垃圾产量。同时，地下储存的过滤水可提供公园每年所需灌溉水量的 60%。

图 2-7　澳大利亚爱丁堡雨水花园

4. 新加坡碧山宏茂桥公园

新加坡碧山宏茂桥公园(图 2-8)是 ABC 水计划实施的典范项目。具有实用性的排水沟渠、河道、蓄水池成为充满生机且美观的溪流、河湖,并整合周边土地开发,创建出崭新的滨水休闲文化与社区活动空间。

图 2-8　新加坡碧山宏茂桥公园

（1）河流改造

2.7 km 长的垂直排水系统已经改建成蜿蜒于整个公园的 3 km 长的流水系统。连续流畅的蓝色水域与绿色植物交相呼应,融为一体。设计充分利用水的自然特性,创造出人与自然亲密互动的非凡体验。公园的软景河岸使得人们更容易接近水,市民可以在水边嬉戏。同时在遇到特大暴雨时,紧挨公园的陆地可以兼作输送通道,将水排到下游。这是一个启发性的案例,城市公园作为生态基础设施,与水资源巧妙融合,起到洪水管理、增加生物多样性、提供娱乐空间等作用。人们和水近距离接触,增强了市民对水资源保护的责任心。

（2）雨洪管理

这一项目成为热带地区首个应用土壤生态工法技术稳固河岸、保护其免受侵蚀并提供动植物生境的河流自然化的项目,它将为区域内未来的项目提供极其重要的参考。项目中建造了河流规划的水利模型,用来观测和检测河流的动态变化,探索河流设计的可能节奏。水利模型的建造方便了河流关键部位的确定,在那里水体流动速率高,需要设置高等级的控制土壤侵蚀标准。这样,设计师便能够在这样的部位配置更多的根基稳固、结实耐用的植物品种,而在大面积的缓坡河岸部位则可配置低密度的柔和植物。

在干爽的季节里,这些河岸区域可以提供大面积的开敞空间进行各种休闲活动,如放风筝、跑步、野餐等。而在降雨时节,紧邻河流的公园区域便充当了输水渠道,输送水体至下游。它类似自然界的河流系统,这种新加入进来的输水河道能够形成蜿蜒曲折、宽度变化的多样水流动方式,有益于生物多样性的提升。学习自然界的规则形式,用以改造空间、提供多功能及用途,无疑是城市环境之中有效开放空间设计的关键。

（3）生态净化群落

碧山宏茂桥公园也展示了新加坡首个生态净化群落的设置。它的设置能够使水质处理更为有效，同时也有利于维护自然环境的美观。生态净化群落是自然的清洁系统，用经过精心选择的植物来过滤污染物和吸收水中营养物，从而净化水质。生态净化群落位于公园的上游，其可以在不使用化学物质的情况下，维护池塘内水质的清洁。碧山宏茂桥水上乐园使用的水就是用生物净化群落过滤净化的水来补充、供给的。

2.1.4　国外生态雨洪管理的启示

国外的城市雨洪管理模式具有以下几个值得借鉴的共同特征：

① 强调城市发展和场地开发对城市水文系统影响的最小化，保护、利用自然与近自然、生态、低成本的景观生态措施与技术对城市自然水文过程进行维护。

② 强调从城市土地规划到场地设计的多尺度、多等级、系统性的流域雨洪管理综合体系。

③ 强调从水循环、水安全、水环境、水资源等角度综合考虑，注重城市景观环境与开发建设之间的互利共生。

④ 颁布与雨水管理相关的国家与地方法律法规，对径流总量、峰值流量、雨水排放、径流污染物总量与水质保护等提出严格的量化规定，并制定相应的经济激励政策。

⑤ 强调生态、环境、景观、规划、水利、市政、农林、建筑、社会与城市管理等多学科、多专业、多部门的学者、工程技术和管理人员以及非政府组织（non-government organization，NGO）和社区公众的广泛参与和配合，尤其强调规划部门的核心作用。

2.2　国内海绵城市建设

2.2.1　国内海绵城市建设总体情况

中华人民共和国住房和城乡建设部在 2014 年 10 月编制了《海绵城市建设技术指南——低影响开发雨水系统构建（试行）》，部分内容涉及海绵城市绿地的规划设计与建设。该导则主要参考了美国关于低影响开发（LID）雨水系统等方面的理论研究与实践经验。2015 年 4 月，财政部、住房和城乡建设部、水利部联合推进海绵城市试点工作，公布了首批 16 个试点城市（新区）名单。此后，深圳、南宁、武汉等城市相继制定了海绵城市（低影响开发）规划设计导则或规范（试行）。2015 年 10 月，国务院办公厅颁布《关于推进海绵城市建设的指导意见》（国办发〔2015〕75 号），从国家层面战略性地推进我国海绵城市的建设，明确指出推广海绵型公园和绿地，增强公园和绿地系统的城市"海绵体"功能，并首次提出了径流总量控制的海绵城市量化工作指标：70% 的降雨就地消纳和利用；到 2020 年，城市建成区 20% 以上的面积达到目标要求；到 2030 年，城市建成区 80% 以上的面积达到目标要求。

2.2.2 国内海绵城市建设实例

当前,海绵城市建设实践如火如荼,北京奥林匹克公园、深圳光明凤凰城绿环、六盘水明湖湿地公园、上海世博会城市最佳实践区、浙江金华燕尾洲公园、镇江金山湖地区、深圳万科建筑研究中心、重庆嘉悦江庭小区等成功实践案例不断涌现。下面以深圳光明凤凰城绿环、浙江金华燕尾洲公园、深圳万科建筑研究中心、重庆嘉悦江庭小区为例作具体介绍。

北京海绵城市
建设实践

1. 深圳光明凤凰城绿环

深圳光明凤凰城绿环是深圳中部发展轴上的重要节点,该项目(图 2-9)运用前瞻规划理念和综合城市开发的手法将光明新区的带状绿地、街区公园、区域公园、地铁站绿地、高铁站绿地 5 种绿地连接在一起,形成了一个生态复合绿环(green loop)。

该项目以"EOD+DEEP=park is the way home"(EOD 是指 ecology-oriented development,即生态向导发展模式;DEEP 是指 design+ecology+economic+planning)为规划设计理念,构建了一个相对完整的海绵城市生态网络体系,包括:

① 生态草沟+生态河道=一条线性生态廊道串联的海绵 DNA。

② 绿色屋顶+雨水花园=数个兼具生态脚踏石功能的海绵细胞体。

③ 一条线性生态廊道串联的海绵 DNA+数个兼具生态脚踏石功能的海绵细胞体=海绵城市生态网络。

图 2-9 深圳光明凤凰城绿环

2. 浙江金华燕尾洲公园

浙江金华燕尾洲公园项目（图 2-10）通过一个实验性工程，探索了如何沟通设计，实现景观的生态、社会和文化的弹性。设计策略包括保留自然与生态修复的适应性设计，与水为友的弹性设计，连接城市与自然、历史、未来的弹性步骤，动感流线编织的弹性体验空间。

该项目重点探索了如何与洪水为友，建立适应性防洪堤、适应性植被和 100% 透水铺装的设计，实现了景观的生态弹性；建立适应多方向人流的步行和桥梁系统，形成社区纽带。灵动的流线设计语言，将场地上的原有流线型建筑、季节性的水流和川流不息的人流有机地编织在一起，解决了瞬时人流和日常休闲空间使用的矛盾，创造了富有弹性的体验空间和社会交往空间，实现了景观的社会弹性；从当地富有历史和文化意味的"板凳龙"传统舞龙习俗中获得灵感，设计了一条富有动感、与洪水相适应的步行桥，将被河流分割的两岸城市连接在一起，并使河漫滩变成富有弹性的可使用景观，且富有诗意，将断裂的文脉连接起来，强化了地域文化的认同感和归属感，实现了景观的文化弹性。

图 2-10 金华燕尾洲公园

3.深圳万科建筑研究中心

深圳万科建筑研究中心项目(图2-11)于2010年正式启动,2012年大致完工。其包括三个方面的核心内容:预制混凝土模块的研发和应用、景观生态水循环处理系统的展示、景观生态环境材料与手法的实验与应用。该项目是动态的,可进行观察、修改,旨在探索如何在景观设计中将艺术与生态结合起来,使生态景观成为可供欣赏、教育和参与的场所。

图 2-11 深圳万科建筑研究中心

(1)雨水流失量的控制

场地中两三个小三角形地块被设计成"波纹花园",并在一处三角形地块中进行植物实验。与低矮的灌木和草坪相比较,乔木因为可以延长雨水落地的时间,所以是雨洪管理中最有效的元素。因此,在这个地块中将乔木种植在三角形坡地的高点,与低矮植被形成对比和参照。由于坡地草坪会使雨水迅速流走,因此采用了波浪形的草坪,这不仅在形式上形成了不一样的空间感受,还在功能上也增加雨水下渗的时间。草坪的坡度及波浪的坡度可以调整,从而实现最佳的渗透效果,而不会导致积水或流速过快。在半环形的地块中,对不同硬质材料进行了考察。半环形的波浪之间使用了不同的渗水材料(树皮、陶粒、碎石、细砂等),波浪的边界采用溢水设计,可供观察、比较不同材料的溢水量大小。

(2)雨水质量的控制

在"风车花园"中,32m高的风车提供了动力,将最初收集的雨水提升到建筑屋顶上,通过屋顶的雨水花园进行曝氧处理,直至跌落到地面的水池,实现初级净化;然后,雨水将流经地面上的植物净化系列水池,该水池设计了用于参观和维护的通道;得到了再次净化的水,将通过一个检测阀,达到净化标准的水可以进入一个镜面水池,汇聚形成儿童嬉戏活动的场所,未达到标准的水,将会重新回到水循环系统,再次净化。以风能为动力,让雨季储存的雨水循环流动,不断净化,直至下一个雨季到来。这样的雨水花园,遵循地域特点,以节能为根本,同时提供了教育、欣赏、娱乐的可能。

(3)低维护材料

预制混凝土(precast concrete,PC)技术在欧美国家已非常成熟,应用普遍。从外观上看,预制混凝土模块的尺寸、颜色、质感与花岗石相差无几。同时,它有着显著的低能耗意义：首先，可以避免大面积矿石的开采；其次，在中国，由于施工技术相对落后，所有硬质景观铺装几乎都需要采用混凝土垫层，因此只要采用硬质铺装，无论是用于车行还是人行都无法实现雨水渗透。而预制混凝土的厚度很大，可以省去混凝土的垫层，从而加强了雨水向地面的渗透，同时，还可以进行异形加工，使得嵌草铺装成为可能。停车场、消防车道这些相关规范所要求的大面积硬质铺装，应用预制混凝土后其视觉效果和生态意义都能得到提升。除此之外，还设计了多样的 PC 户外构件（混凝土户外预制件），比如坐凳、自行车架等。借助模具，其形式可以更加多样，同时具有更强的耐久性，可在中国未来的居住区普及。

4. 重庆嘉悦江庭小区

重庆嘉悦江庭小区海绵城市工程采用了"渗""滞""蓄""净""用"五大措施，对雨水进行有组织的管理控制。遵从"源头控制，中途拦截，末端处理"的理念进行建设，通过植草沟、绿色屋顶、透水铺装、雨水花园、雨水调蓄池等多项海绵措施有效提升小区对雨水的积存与蓄滞能力，达到海绵小区的建设标准。

嘉悦江庭小区海绵城市构建策略为：① 顺应小区地形地势，构建雨水回用体系；② 结合小区实际，选择可移动式模块化屋顶绿化；③ 优化原有绿地为下沉式绿地；④ 与周边地块海绵城市建设进行通盘考虑，增强海绵城市建设的整体性和系统性。

2.2.3 国内海绵城市建设存在的问题

自 2013 年我国提出建设海绵城市以来，一系列政策、法规相继出台。2014 年 11 月住房和城乡建设部颁布了《海绵城市建设技术指南》；2015 年 4 月批准了重庆、厦门、济南等 16 个国家级海绵城市建设试点；2015 年住房和城乡建设部出台了《海绵城市建设绩效评价与考核办法(试行)》；2017 年出台了《国家海绵城市建设试点绩效考核指标评分细则》；2018 年发布了《海绵城市建设评价标准》；2019 年发布了《建筑给水排水设计标准》；2020 年出台了《排水设施建设中央预算内投资专项管理暂行办法》。如今国内许多城市都掀起了建设海绵城市的浪潮，但是通过十年的建设发展，海绵城市建设存在的问题仍比较突出，具体如下。

1. 海绵城市建设区域相对独立，没有形成系统

在我国海绵城市建设过程中，很重要的一点就是将不透水的城市硬化路面，转化为透水路面，能够使城市恢复自然土壤表面对水分的消解能力，但是目前我国推行的试点政策是，将海绵城市建设区域划分为重点区域，新建或改造后的某一片区域具有海绵城市的功能，而其他地区则不具备相关功能，整体上呈碎片化分布，因此在小范围考量海绵城市建设取得了较好的成效，而从城市整体角度来看，海绵城市建设率仍然较低，且建设区域没能形成互联互通的整体，在面对大范围长时间的降雨时，对于雨水的吸收与消纳效果会有影响。

2. 在海绵城市建设过程中各部门缺乏联动机制

海绵城市建设是一项城市建设的综合工程，从初期设计、中期施工到后期维护等各个环节，涉及规划、市政、环保、水务、气象、园林、发改、财政等多个部门，虽然目前我国有相应的协作机制，但往往在建设推进过程中会出现各部门之间沟通联动困难导致项目推进受到影响,在项目审批、施工等各个方面容易出现拖延、浪费等问题,使海绵城市建设的效果受到影响。

3.相关设施建成后日常维护管理责任不明确

海绵城市建设不仅仅是建成前的规划与施工,更重要的是相关设施建成后,对于设施的维护和管理。而在我国目前的海绵城市建设中,存在着以下问题:海绵城市建设以完工为止,相关设施建成后日常维护管理责任不明确,后期运行管理工作无人负责,随着时间推移,设备出现老化、损坏等问题,各种低影响设施的作用得不到有效发挥,如在海绵城市建成初期验收时,相关设施能够取得较好的成效,但经过一段时间后,又出现城市内涝等。

4.海绵城市建设理念认知不到位

国内提出"海绵城市"的概念才11年,公众了解海绵城市的途径更是屈指可数。公众对于海绵城市建设理念的认可度直接影响海绵城市在建设过程中公众主动配合的程度,公众对于海绵城市建设理念认知和认可度越高,越会配合海绵城市试点的建设。海绵城市建设是一项艰巨的系统工程,仅靠政府单方面的努力,很难取得良好的效益,需要企业和公众积极配合,主动参与到海绵城市的建设中来。因此对于海绵城市建设理念认知不足,影响了海绵城市建设的效果。

5.相关研究起步较晚,技术尚不成熟

我国的海绵城市建设的研究起步较晚,目前在我国还没有总结出成系统的发展模式进行推广,很多技术和模式只能借鉴外国的建设经验,而适宜我国的建设模式只能通过实践来总结经验,许多相关研究也处在论证阶段,技术较为落后,相关方向的技术人才也较为缺乏,这对我国海绵城市建设造成了很大的阻碍。

【综合案例】

海绵城市建设背景下重庆市内涝灾害防治案例

城市内涝是指由极端天气引发的城市强降水或连续性降水超过其排水能力而产生城市积水灾害的现象。导致重庆市内涝的原因主要为自然条件、城市硬化、排水系统不够完善以及由城市扩张和建筑密度增加导致城市热量超标排放,从而积聚形成厚热气流而引发的"雨岛效应"等。近年来,重庆市以国家海绵城市建设试点为契机,制定了重庆市防涝体系建设提升策略,主要包括:完善雨洪体系,采用"$1+26+N$"模式,科学合理选材,加强滞蓄能力,改造排水系统,提高排水标准,规范法律制度,明确监管部门等。重庆市海绵城市建设已取得良好成效,在社会效益、生态效益、经济效益方面均具有重大意义,既缓解了内涝问题,又美化了人居环境,同时节省了土地开发成本,一举多得。但是,海绵城市建设是一项系统工程,且重庆海绵城市建设与全国其他地方相似,也存在一些问题,所以还未彻底解决城市内涝问题。以2020年为例,2020年7月17日,受强降雨影响,重庆市多地发生内涝和滑坡,波及32个区县,其中16个区县灾情较重。该日降雨量达233 mm。全市5条河流超保,21条河流超警戒水位,7729人被紧急转移,1678人需

紧急生活救助。此外，灾情还造成 3 人死亡、4 人失踪，6000 多公顷农作物受灾、1157 hm^2 农作物绝收，直接经济损失高达 1.59 亿元。

思考探究：请同学们查阅资料，系统分析重庆市在海绵城市建设方面还存在哪些不足，要想彻底解决重庆市的城市内涝问题，还有哪些更好的措施及建议。

资料来源：宋思奕. 海绵城市建设背景下重庆市内涝灾害现状及应对策略研究[J]. 城市住宅，2021(4)：135-136.

任建超，谢水波，刘慧，等. 海绵城市背景下的城市内涝防控策略研究[J]. 水利规划与设计，2020(11)：35-38，105.

【课后习题】

1. 简述国外有关海绵城市的主要技术。
2. 简述国外生态雨洪管理带来的启示。
3. 查阅资料，分析一个国内典型城市的海绵城市建设现状。
4. 查阅一项最新的海绵城市法规或政策，阐述其中关于海绵城市建设的核心要点。
5. 简述国内海绵城市建设存在的问题。

3 低影响开发与补偿技术

📁 学习目标

知识目标	理解低影响开发技术的概念； 了解低影响开发技术的意义； 掌握低影响开发与补偿技术、措施
能力目标	能辨清低影响开发技术与海绵城市的区别与联系； 能针对具体案例，提出低影响开发与补偿技术、措施； 具备理论联系实际、将理论知识转化为实践的能力
素质目标	具备运用理论知识解决具体问题的能力； 具备实事求是、团结协作的职业素养； 具备与时俱进的学习能力，能够运用新知识、新规范解决问题

📁 教学导引

　　海绵城市建设在我国提出仅 11 年，但已经作为我国当前的一项重要国家战略，制定了 2020 年与 2030 年明确的建设时间节点与目标要求。而低影响开发（LID）技术起源于 20 世纪七八十年代，发展已经比较成熟。我国的海绵城市建设与低影响开发技术有哪些区别和联系呢？在我国发展了近十年的海绵城市又有怎样的特色和独到之处呢？

3.1 低影响开发技术的概念

低影响开发是通过减小场地开发前后水文特征变化，减少雨水径流对城市以及自然水环境不良影响，以实现水资源良性循环的一种新型雨水管理模式。现阶段，LID模式已经在美国、加拿大，以及欧洲的各个国家得到广泛的认可。低影响开发孕育于西方20世纪七八十年代的雨洪管理实践中。20世纪60年代开始，西方学者和环保部门逐步认识到，伴随降雨过程的城市化地区以及农田等的地表径流是水环境污染的重要来源，并称这种污染为非点源污染，以区别于传统的工业废水、污水处理厂的出水和城市生活污水这些集中排放的点源污染。非点源污染自20世纪70年代，受到西方国家的高度重视，美国颁布了《清洁水法》，并逐步实施"最佳管理实践"来全面治理非点源污染。这种致力于治理非点源污染的"最佳管理实践"，主要是通过非结构性的方法，或结构性的工程措施，来阻止或减少污染物通过地表径流流向地表或地下水，同时，达到补充与回灌地下水的目的。非结构性的最佳管理实践包括限制不透水面、保护自然资源，以及清扫街道、管理固体废物等一些源头控制的管理措施，结构性的最佳管理实践包括建设截留池或过滤措施等。欧洲国家自20世纪80年代，也逐步实施综合雨洪管理措施，来减少流向合流制污水处理管网的雨水。20世纪80年代后期，美国马里兰州乔治王子县的环境资源部开始使用"生物滞留"技术来治理雨洪。"生物滞留"是一种水质与水量控制实践，主要是利用植物、微生物与土壤的化学、生物和物理属性，来去除雨水地表径流中的污染物，并补充地下水。生物滞留过程包括沉淀、吸附、过滤、挥发、离子交换、分解、植物修复、生物治理和储藏。

20世纪90年代初，乔治王子县环境资源部把场地设计与"生物滞留""最佳管理实践"相结合，逐步发展成系统的"低影响开发"雨洪规划管理理论与方法，并在2000年后，成为美国的雨洪管理的蓝本。

3.2 低影响开发技术的意义

海绵城市建设是通过低影响开发技术得以实现的。低影响开发是在开发过程的设计、施工、管理中追求对环境影响的最小化，特别是对雨洪资源和分布格局影响的最小化。

为了达到"低影响"目标，城市设计和土地开发必须遵从"四个尊重"，即尊重水、尊重表土、尊重地形、尊重植被，其核心是尊重自然，如图3-1所示。在某种意义上，也可以认为低影响开发与海绵城市建设是"同义词"。其狭义是雨洪管理的资源化和低影响化；广义则包括城市生态基础设施建设和生态城市建设的目标体系。它包括流域管理、清水入库、

图 3-1　海绵城市建设的"四个尊重"

截污治污、水生态治理、滞流沟、沉积坑塘、跌水堰、植被缓冲带、雨洪资源化、水系的空间格局、水系的三道防线、生态驳岸、水系自净化系统、水生态系统、湿地、湖泊、河流、水岸线、生态廊道、城市绿地、城市空间、雨水花园、下沉式绿地、透水铺砖、透水公路和屋顶雨水收集系统等众多大大小小的具体技术和设计。但是,就目前国家战略的考量,海绵城市建设大多集中在一个重要的议题——雨洪管理和水污染的生态治理技术和设计。

海绵城市土地开发采用低影响开发技术,即在场地开发过程中尊重水、尊重植被、尊重表土、尊重地形,采用源头分散式措施,如下沉式绿地、蓄水湿地、雨水花园和可透水铺装等,使土地尽量保持开发前的水文下垫面特征,以维持场地开发前后的降雨产流水文不变,包括径流总量、峰值流量和峰现时间等。

1. 低影响开发对水的尊重

尊重水,则不应该把河流作为纳污场所,不能破坏水岸边的草沟草坡,同时要防止面源污染,保护水系的自净化系统和水生态系统。

从水文循环角度,开发前后的水文特征基本不变,包括径流总量不变、峰值流量不变和峰现时间不变。要维持下垫面特征以及水文特征基本不变,就要采取渗透、储存、调蓄和滞留等方式,实现开发后一定量的径流量不外排;要维持峰值流量不变,就要采取渗透、储存和调节等措施削减峰值、延缓峰现时间。

同一场降雨,下垫面特征不同,开发强度不同,其水资源的构成比例会有很大差异。一般来说,在自然植被条件下,总降雨量的40%会通过蒸腾、蒸发进入大气,10%会形成地表径流,50%将下渗成为土壤水和地下水。而城市的建设打破了这种雨水分布格局:40%的蒸腾、蒸发变成低于40%的蒸腾、蒸发,地表径流则可能从原来的10%增加到50%或更多,下渗则会从50%减少到10%或更少,如图3-2所示。一旦遭遇强降雨,则极易造成洪水和内涝灾害,同时伴随雨洪资源的严重损失、水土流失、面源污染以及水系自净化系统的破坏。因此,减少地表径流、减少水土流失、减少面源污染、减少雨洪资源损失、减少洪水和旱灾危害以及增加雨水就地下渗以补充地下水成为低影响开发技术的关键。

2. 低影响开发对表土的尊重

土壤为人类提供食物、建筑材料和景观。表土是地球表面千万年形成的财富,是地表水下渗的关键介质。表土也是土壤中有机质和微生物含量最多的地方。表土是植被生长的基础、微生物活动的载体,在降雨过程中表土能够渗透、储存和净化降雨。尊重表土,即要保护和利用好这样宝贵的资源,以防止水土流失,在土地开发中收集表土并且在土地开发后复原表土。

表土层(图3-3)是指土壤的最上层,是我们最易获取的资源,一般厚度为15～30 cm,有机质丰富,植物根系发达,含有较多的腐殖质,肥力较高(盐化土壤和侵蚀土壤除外)。表土层的特殊结构使它具有调节土壤水分、空气和温度的功能,可以缩短育苗植物的生长周期,而且表土回填可以促进土壤的生物多样性,提高地表水循环效率和水质安全。传统城市开发为了修建大面积的建筑群,对原始场地进行平整,场地平整过程中,珍贵的表土层被当作渣土处理或廉价售卖。

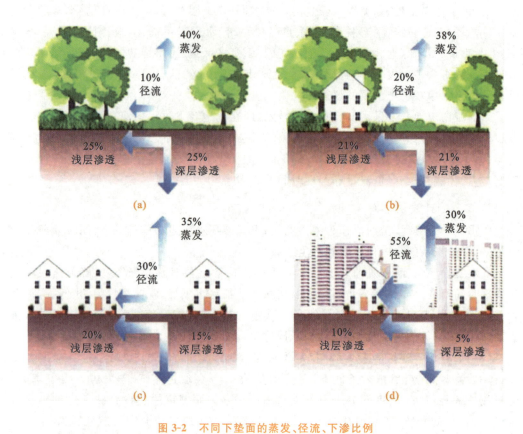

图 3-2 不同下垫面的蒸发、径流、下渗比例

(a)自然地面；(b)10％～20％不透水地面；(c)35％～50％不透水地面；(d)75％～100％不透水地面

图 3-3 肥沃的表土层

　　一些有经验的国家,已经清晰地认识到表土的重要性。比如,美国和澳大利亚已经设立了专门的表土层保护的法律和机构。

作为水的重要载体,表土渗透水的能力直接关系地表径流量、表土侵蚀和雨水中物质的转移等。土壤渗透性越强,减少地表径流量和洪峰流量的作用越强。

表土储存降水:表土通过分子力、毛管力和重力将渗透进来的水储存在其中。储存在表土中的水主要有吸湿水、膜状水、毛管水和重力水几种类型,分为固态、液态和气态三种不同的形态。其中,液态水对植物生长非常关键,其主要存在于土壤孔隙中和土粒周围。

表土净化降水的核心是通过表土-植被-微生物组成的净化系统来完成,表土净化降水过程包括土壤颗粒过滤、表面吸附、离子交换以及土壤生物和微生物的分解吸收等。

(1)影响表土作用的因素

土壤质地、容重、团聚体和有机质等理化性质是影响表土储存和渗滤作用的重要因素。

① 土壤质地:指土壤中黏粒、粉砂和砂粒等不同粒径的矿物颗粒组成状况。国际制土壤质地分级标准将土壤质地划分为壤质砂土、砂质壤土、壤土、粉砂质壤土、砂质黏壤土、黏壤土、粉砂质黏壤土、砂质黏土、壤质黏土、粉砂质黏土和黏土。一般情况下,土壤中砂粒含量越高,其渗透作用越强,保水作用则越差。

② 土壤容重:又称土壤密度,一般指干容重,是单位体积土壤(包括土壤颗粒间的空隙)烘干后的重量。土壤容重反映了土壤紧实度和孔隙率,由土壤颗粒数量和孔隙共同决定,对降水渗滤、储存都有一定的影响。土壤容重越大,孔隙越小,则渗透作用越弱;反之则越强。

③ 土壤团聚体和有机质:土壤团聚体是指土粒形成的小于 10 mm 的结构单元,团聚体的粒径影响土壤孔隙分布及大小,进而影响水分在表土及深层土壤中的迁移。土壤有机质包括土壤动植物、微生物及其分泌物质,具有一定的黏力,能够使土壤颗粒形成团粒结构,在一定的范围内有机质增加,胶结作用加强,促进土壤团聚体的形成。

(2)如何增加土壤渗透率

通过改变土壤质地、容重、团聚体和有机质等理化性质可以改变土壤的渗滤性和储水能力,从而减少地表径流。在特定区域,地形和土壤质地一定的情况下,在地表植物作用下,表土的渗滤性将增强。

植被根系通过增加表土的孔隙率,来增加降水入渗量。随着植被根系生长,根系与土壤之间形成孔隙,根系死亡腐烂后,表土形成管状孔隙。植物的枯枝落叶腐烂后形成腐殖质,加快土壤团聚体形成,使得土壤孔隙率增加,透水性增强;另外,植物的枯枝落叶为土壤生物提供食物和活动空间,土壤生物活动将改善土壤性质。同时,枯枝落叶增加了表土的粗糙率,减小径流流速,增强入渗,从而减少水土流失。低影响开发中,透水铺装、渗透塘、渗井和渗管及渠等设施都能够增加地表透水性。采用透水性强的材料、增加材料的孔隙率以及搭配种植植物对增加地表透水性也具有重要作用。

3.低影响开发对地形的尊重

自然地形所形成的汇水格局是一个区域开发的重要因素,地形变化,汇水格局也会相应发生变化。低影响开发就是要研究原有地形和开发后地形的不同汇水格局及其影响。因此,以尊重地形为出发点的规划设计和土地开发,对环境的影响小,相对安全,也可以体现空间的多样性，具有自然和艺术之美。

传统的城市开发中，人们秉持"人定胜天，改造自然"的错误思想肆意改变场地的地形地势，挖山填湖，变山地为平地，将河道裁弯取直，自然绿地被人工硬化，流域下垫面的改变直接导致降雨产汇流模式的畸变，水文循环被破坏，城市热岛效应、雾霾现象加剧，洪水内涝灾害频发，而水资源总量却日益减少。因此，城市开发必须尊重土地原始的地形地势，顺形而建，应势而为，尽量维持土地的地貌、气候及水循环，使人类融于自然，与自然和谐共生。

"地形"指的是地表各种各样的形态，具体指地球表面高低起伏的各种状态，如山地、高原、平原、谷地、丘陵和平地等。自然形成的地形地貌（位置、坡度、坡向和高差等）是城市赖以形成和发展的基础，在城市发展过程中，自然形成的地形地貌从宏观上控制城市的形态、结构和扩张方向。

地形地貌在一定程度上影响其他生态因子，例如，地形地貌对局部气候（温度和降水）、水环境和生物的分布及多样性有影响；地形的构造和海拔差异也会对当地的太阳辐射和风环境等造成影响。虽然地形对生态城市规划的制约在不同的设计阶段尺度是不同的，但在中观和微观尺度城市规划设计时，针对地形地貌（包括城市的物理结构）对局地气候的调节作用，规划者应该合理利用地形地貌，因地制宜地加以控制和引导，为建筑选址争取到最佳的方位、日照和风环境等，改善不同季节的人体体验舒适度，降低建筑能耗，节约资源。根据地形地貌分析得到当地太阳辐射数据，可以合理利用太阳能资源配置植物布局。随着城市的发展，人们逐渐认识到地形地貌影响着城市气候的方方面面。

（1）地形与太阳辐射

太阳辐射随季节变化而变化，影响太阳辐射的主要因素有太阳高度角、地形和天气等。地球围绕太阳的轨迹是椭圆形，日地距离不断变化，形成的太阳高度角越大，太阳辐射就越强。此外，太阳辐射也会受到气溶胶影响而削减一部分能量。如果天气状况基本一致，相同地点，地势高的地区太阳辐射能量要高于地势低的地区。因此，为确保建筑的太阳能利用、植物喜好的布局和建筑必要的日照获取，必须考虑地形对太阳辐射的影响这一问题。

（2）地形与汇水

起伏的地形形成各具特色的水文单元——流域。自然汇水将地表不同形式的水系联系起来。海绵城市建设作为流域管理的一个节点，把研究区域只局限在一部分地区显然是不完整的。应该分析流域的地形、水文、土壤和气候等生态因素，把城市发展置于流域管理的系统中，使整体的建筑布局和动植物群落符合流域整体格局。

城市建设改变了原有的地形地貌，场地平整和地表硬化改变了流域的产汇流机制，使城市成为汇水集中区，增大了洪涝灾害的发生概率。

水系是城市的命脉，水是城市产生和发展的动力，因此在城市的建设过程中应当首先厘清其所处的流域和水系格局，形成小区域内的良性循环，构建更大区域的水生态文明。海绵城布建设应该吸取传统城市开发的惨痛教训，依据地形营造连续的自然水岸，在易侵蚀地区建立高植被覆盖的自然防线，疏通自然排水肌理，连通城市水系，增加水面面积，提高城市容水能力，提高地下水补给量。构建"生态沟渠-滞留湿地-河湖"的连通系

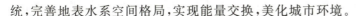

统,完善地表水系空间格局,实现能量交换,美化城市环境。

(3)地形与温度和降水

高山往往引起气候的垂直分异,迎风坡形成雨屏,背风谷地成为高温中心,甚至产生"焚风效应"。在自由大气中,高度每上升100 m,温度降低0.6 ℃。在山地地区最能体现温度随高度上升而降低的现象。在地形地势情况差异不明显的情况下,降水对不透水下垫面形成地表径流量的影响大于自然地表下垫面。因此需要尽可能地还原自然地表,利用地形地势自然疏导降水,减轻对低洼地区洪涝影响。地形的高差与几何特性可以影响城市的气温与降水,对提高城市的环境舒适性和洪涝安全性有积极作用。

(4)地形与风环境

地形对气流具有绕流作用,地形可以造成局地环流与地方性风。局部地形风作为局地微气候的特殊现象,其影响规模约为水平范围10 km以内,垂直范围1 km以下。山顶风大,峡谷风急,陡坡风猛,死谷风静,盆地静风频率高,逆温强烈,对大气扩散不利。例如,成都城区气候条件差,静风频率较高,风速较低,会导致城市大气问题。为改善城区大气环境,成都城区采用"扇叶式"布局,"扇叶"之间规划为永久性绿地,并沿主要河道向城区内深入楔形绿地,使城市环境与自然环境有机结合。这种设计也有利于局地风的形成。因此,掌握城市的主导风向和风频,既可以加快城市产生的气体的扩散,减轻工业对居住区的危害,也可以为城市设计方案提供科学依据。

从上述的描述不难发现,城市的局部气候总是受到各类地形的几何特性(山地、高原、平原、谷地、丘陵和平地)的影响(表3-1),因此,城市选址和低影响开发时需要针对当地地形地貌做大量的前期分析,实现生物气候设计特征的合理利用(表3-2)。在城市规划设计时,应尊重地形地貌与气候因子之间的相互影响和作用,运用大数据,例如高精度数字高程模型和当地历年气象数据结合仿真软件反演太阳辐射量、流域汇水、温度、降水、熔湿数据和风频风向等专项结果,加强综合信息分析,减轻开发对场地影响,合理安排城市功能布局,营造舒适局地微气候,改善城镇环境,提升城镇生活品质。

表 3-1　　　　　　　　　　不同地形与气候等环境要素的关系

地形	升高的地势	平坦的地势	下降的地势					
	丘、丘顶	垭口	山脊	坡(台)地	谷地	盆地	冲地	河漫地
风态	改变风向	大风区	改向加速	顺坡风/涡风/背风	谷地风		顺沟风	水陆风
温度	偏高易降	中等易降	中等背风坡高热	谷地逆温	中等	低	低	低
湿度	湿度小,易干旱	小	湿度小,干旱	中等	大	中等	大	最大
日照	时间长	时间长	时间长	向阳坡多,背阳坡少	差异大	差异大	时间短	

地形	升高的地势	平坦的地势	下降的地势						
	丘、丘顶	垭口	山脊	坡（台）地	谷地	盆地	冲地	河漫地
雨量				迎风雨多，背风雨少				
地面水	多向径流小	径流小	多向径流小	径流大且冲刷严重	汇水易淤积	最易淤积	受侵蚀	洪涝洪泛
土壤	易流失	易流失	易流失	较易流失			最易流失	
动物生境	差	差	差	一般	好	好	好	好
植被多样性	单一	单一	单一	较多样	多样	多样		多样

表 3-2　不同生物气候条件下结合地形的城市选址原则

类别	生物气候设计特征	地形利用原则
湿热地区	最大限度地遮阳和通风	选择坡地的上段和顶部以获得直接的通风，同时位于朝东坡地上，以减少午后太阳辐射
干热地区	最大限度地遮阳，减少太阳辐射，避开满是尘土的风，防止眩光	选择坡地底部以获得夜间冷空气的吹拂，选择东坡或者东北坡，以减少午后太阳辐射
冬冷夏热地区	夏季尽可能地遮阳和促进自然通风；冬季增加日照，减轻寒风影响	选址以位于可以获得充足阳光的坡地中段为佳，在斜坡的下段或者上段要依据风的情况而定，同时要考虑夏天季风的重要性
寒冷地区	最大限度地利用太阳辐射，减轻寒风影响	位于南坡（南半球为北坡）的中段斜坡上以增加太阳辐射；且要求位置高到足以防风，而低到足以避免受到峡谷底部沉积的冷空气的影响

4. 低影响开发对植被的尊重

植被（图 3-4）是顺应地形的产物，也是水和土壤的产物；而植被也是地形、水和土壤的"守护神"，没有植被，水土流失和面源污染则不可避免；没有植被，水资源和表土都会丧失，地形也会改变，而水也会失去它的资源属性，变成灾难性的洪水、干旱和水荒，造成经济损失，成为制约城市发展的瓶颈。

（1）植被的重要作用

陆地表面分布着多样化的植物群落，植被是能量转换和物质循环的重要环节，为生物提供栖息地和食物，改善区域小气候，对水文循环起到平衡作用，防止土壤侵蚀、沉积和流失，同时也是城市的重要景观，可以削弱城市热岛效应。

城市建设要尽量保护土地原生的自然植被,保证城市的绿地率,丰富植被多样性,促使城市生态系统的正向演替。丰富的地表植被在降雨初期进行雨水截留,根系吸收土壤中一些水分,为未来丰水季节降水提供渗透空间。地表水体补充地下水时,污染物质被植被与土壤吸收净化,对地下水质提升有积极的影响,在起伏的地区,植被的分布能够减少水流对地表的冲击,减轻对小溪渠道的破坏,减少汇水面的水土流失,避免河床抬高,防止洪涝灾害。

图 3-4　海绵城市的植被

植被在低影响开发中具有重要作用。低影响开发的植被种植区可实现坑塘和生物滞留池的排水和雨洪滞留等功能,植被种植区具有自然渗透,减小地表径流,增加雨水蒸发量,缓解城市区热岛效应,降低入河雨洪的流速和水量,降低污染系数,控制面源污染等重要作用。根据植物特性,在适当的区域种植适当的植物是保证其排水功能最佳的关键因素,需根据植物的需水量、耐涝程度、根叶降解污染物的能力来选择适当的植物。

（2）选择本地物种

种植区植物的选择应尊重自然和当地植被,由于本地物种能适应当地的气候、土壤和微生物条件,而且维护成本低,水肥需求量小,所以应优先选择本地物种。但由于国外低影响开发技术相对成熟,可选择与国外成熟的低影响开发植物生态习性相近的本地物种,或在必要条件下慎重选择容易驯化的外地物种。

（3）植被的空间格局

植被的空间格局见图 3-5。

① 低地带——由于地势最低,雨水或灌溉水最终流入这一区域。低地带应设计地漏,雨水一般不会存留超过 72 h,但是在雨季,雨水会长时间淹没这一区域的植物,所以在这一区域应该选择根系发达的耐水植物,建议使用当地草本植物或地被植物。

② 中地带——这一区域是高地带和低地带的缓冲带,起到减慢雨水径流的作用。下雨时,这一区域的植物滞留雨水,同时雨水灌溉植物,在暴雨时这一区域的植物应起到护坡的作用,所以在这一区域须选择耐旱和耐周期性水淹的生长快、适应性强、耐修剪以及耐贫瘠土壤的深根性的护坡植物。

③ 高地带——这一区域是低影响开发设施的顶部,在一般降雨条件下雨水不会在这个区域存储。所以这一区域的植物需具有强耐旱性,并在少数的暴雨条件下具有一定的耐涝性能。

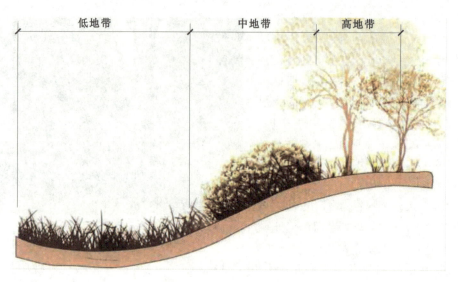

图 3-5　植被的空间格局

5. 低影响开发与下沉式绿地

水利专家向立云说："如果绿地能比路面低 20～30 cm，就可以吸收 200～300 mm 的降水。"

我国较早提出下沉式绿地的是张铁锁和刘九川两位学者。他们认为："所谓下沉式绿地，就是绿地系统的修建，基本处在道路路面以下，可以有效地利用雨水和再生水，减少灌溉的次数，节约宝贵的水资源。"

下沉式绿地（图 3-6）可分为狭义和广义两大类别。狭义的下沉式绿地指的是绿地高程低于周边硬化地面高程 5～25 cm，溢流口位于绿地中间或硬化地面的交界处，雨水高程则低于硬化地面且高于绿地；而广义的下沉式绿地外延明显扩展，除了狭义的下沉式绿地之外，还包括雨水花园、雨水湿地、生态草沟和雨水塘等雨水调节设施。

图 3-6　下沉式绿地

下沉式绿地可有效减少地面径流量,减少绿地的用水量,转化和蓄存植被所需氮、磷等营养元素,是实现海绵城市功能的重要技术手段之一。

3.3 低影响开发与补偿技术、措施

低影响开发从源头分散控制污染并利用雨水资源,不仅缓解了经济发展与环境保护的矛盾,还在水资源短缺的情况下提高了雨水利用效率。它采用各种分散、小型、多样、本地化的技术来维持开发前原有水文条件,尽量减少开发场地的不透水面积,控制径流污染、减少污染排放,实现开发区域的可持续水循环。本节将介绍低影响开发的几种技术、措施。

3.3.1 生物滞留设施

生物滞留(bioretention)设施,也称雨水花园,一般由砾石层、砂层、种植土壤层和蓄水层等组成,通常设置在停车场、居住区和商业区等场所,如图 3-7 所示。其原理是使强降雨过程中不可渗路面的雨水流入生物滞留区,经土壤、微生物、植物的一系列生物、物理、化学作用实现雨洪滞蓄和水质处理。生物滞留设施将雨水管理技术与景观设计相结合,在滞留雨水的同时又可实现景观价值。

图 3-7 雨水花园效果图

生物滞留设施,既可减少地表径流量,又可减少市政雨水管网承担的负荷,通过减少溢流发生,可保护受纳水体水质和减少河岸侵蚀。已有研究表明,使用生物滞留设施对减少地表径流量和洪峰流量有很好的效果,通过对停车场的实地研究发现,生物滞留设施可以减少 97%～99% 的地表径流量和洪峰流量。

3.3.2 绿色屋顶

绿色屋顶(green roof)由植被层、介质、土壤、排水层及防水层等多层材料构成，一般绿色屋顶可分为拓展型绿色屋顶和密集型绿色屋顶，如图 3-8、图 3-9 所示。拓展型绿色屋顶几乎不需要管理养护，不需要人工灌溉，对屋顶要求不高，所选择的植物几乎不需要修剪，属于自然类型，在屋顶能自我发展，自我维持，需要的生长介质质量轻，厚度小；而密集型绿色屋顶则类似于屋顶花园，可以为人类提供可活动的空间，它需要像地面花园般的精心养护，需要较厚的生长介质，还要经常灌溉，对屋顶要求较高。

图 3-8　拓展型绿色屋顶

图 3-9　密集型绿色屋顶

绿色屋顶对雨水的滞留是通过介质的储存和植物的蒸发共同实现的,研究发现,绿色屋顶能较好地削减径流量、延迟径流汇集时间、减少洪峰流量、提高空气质量和改善雨水水质及促进能量转换。对于不同植物和介质层,绿色屋顶夏天一般可滞留70%~90%的降雨量,冬季可滞留25%~40%的降雨量。不同的介质厚度和屋顶坡度会影响绿色屋顶的滞留能力,研究发现较缓的坡度和较厚的介质更有利于雨水的蓄存,其中,对于中等强度降雨,坡度为2%、介质厚度为4 cm的屋顶有很好的蓄存效果。增加绿色屋顶土壤层厚度可以提高系统功能,但整体上介质厚度对于蓄存能力的提高效果并不明显,一般而言,介质厚度为2~12 cm不会导致较明显的滞留量。

除了能减少降雨径流量和改善雨水水质外,绿色屋顶还有很多节能环保优势,见表3-3。

表 3-3 **绿色屋顶的优势**

序号	优势	
1	储存雨水	在建筑物承重量允许的情况下,通过土壤层和排水层存储更多的雨水,满足灌溉要求,也可减轻城市下水道排水系统的压力
2	降低温度	可以降低夏天阳光直射下的屋顶温度,从而减少建筑吸收热量,降低温度
3	节能减排	通过吸收和反射热量可在夏天降低空调成本,冬天通过增加额外的绝热层,从而降低取暖成本
4	净化空气	可以减少温室气体的排放,还可以通过植物自身的光合作用吸收二氧化碳,释放氧气
5	降低噪声	起到吸收噪声、隔声的作用
6	降低城市热岛效应	水的比热大于混凝土的比热,在吸收相同的热量时,两者因升高的温度不同而形成温差,从而可使城区温度不致过高,起到降低城市热岛效应的作用

3.3.3 可渗透路面

渗透路面(permeable pavers)是指通过各种技术手段使不可渗透路面变为可渗透路面,直接减少地表径流的工程性措施。可渗透路面可有效降低不透水面积,增加雨水下渗能力,同时对雨水径流水质具有一定的净化作用。可渗透路面可由水泥孔砖或网格砖、塑料网格砖、透水沥青、透水混凝土等筑成。可渗透路面适用于交通负荷较低的地方,比如停车场、人行道、自行车道等区域。

不可渗透路面除了具有削减雨水径流和提高雨水水质的主要作用外,还具有其他作用:① 保持水土。目前我国的雨水排放主要方法是建设雨水收集系统,将雨水收集起来并统一排放,这在一定程度上解决了局部区域积水的问题。但这种传统的雨水收集系统以迅速汇集、排出地面雨水径流为目标,加速了雨水径流汇流速度,缩短汇流历时。雨水下渗量减少,地下水得不到及时补给,由此引发地面沉降、地下水位下降等生态环境问题,可渗透路面可以在很大程度上解决这一问题,如图3-10所示。② 延长路面寿命。对于一般路面道板的铺装，由于其垫层大多为不透水的混凝土基础，在雨季，雨水无法及时排走，道板长时间浸泡在水中，基础易损坏，致使道板松动，缩短路面寿命。渗透性铺装系统的渗透性可避免道板受雨水浸泡，在一定程度上对延长路面寿命起到重要作用。
③ 降低交通噪声。可渗透路面依靠其特有的多孔结构，通过摩擦和空气运动的黏滞阻力，将部分声能转变为热能，从而起到吸声降噪的作用。

图 3-10　可渗透路面

3.3.4　植草沟

植草沟（grass swale）是指种植植被的景观性地表沟渠排水系统，如图 3-11 所示，地表径流以较低流速经植草沟滞留、植物过滤和渗透，使雨水径流中的大多数悬浮颗粒污染物和部分溶解态污染物被有效去除。其主要作用是降低径流流速和提高雨水水质。植草沟一般适用于居民区、商业区和工业区等区域，可以同雨水管网联合运行，在条件合适的情况下可以代替传统的雨水管道，在完成输送排放功能的同时达到雨水的收集与净化处理要求。

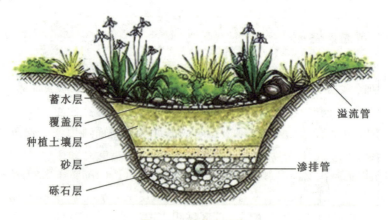

蓄水层
覆盖层
种植土壤层
砂层
砾石层
溢流管
渗排管

图 3-11　植草沟结构

图 3-12 所示为植草沟实景图。根据地表径流在植草沟中的传输方式不同,植草沟分为 3 种类型,即标准传输植草沟、干植草沟、湿植草沟。标准传输植草沟是开阔的浅植物性沟渠,将集水区的径流引导和传输到其他地表水处理设施,一般应用于高速公路的排水系统,可在径流量小及人口密度较低的居民区、工业区或商业区代替路边的排水沟或雨水管理系统。干植草沟是指开阔的、覆盖着植被的水流输送渠道,包括过滤层及地下排水系统,其作用是加强雨水的传输、过滤和渗透能力。湿植草沟与标准传输植草沟类似,主要是沟渠型湿地系统,长期处于潮湿状态,因为会产生异味及蚊蝇等卫生问题,所以不适用于居民区。

植草沟中的污染物在过滤、渗透、吸收及生物降解的联合作用下被去除,植被同时也降低了雨水流速,使颗粒物得到沉淀,达到控制雨水径流水质的目的。

图 3-12 植草沟实景图

3.4 低影响开发技术应用实例

3.4.1 美国波特兰会议中心雨水花园

波特兰位于美国的西北部,受季风气候影响,是一个多雨城市,因此过多的雨水就成了波特兰市要解决的首要问题。由迈耶·瑞德景观建筑事务所设计的波特兰会议中心的雨水花园,成功地解决了雨水排放和初步净化处理问题。设计师利用当地水池、植物根系、沙石以及土壤特性,将浑浊的雨水进行净化、沉淀,经过过滤,干净、清洁的水透过土壤被下渗到土地下,从而解决了雨水排放和过滤问题,同时还创造了美景。

波特兰会议中心雨水花园(图 3-13)运用现代 LID 技术创造出了一种原野自然的生态空间,成功地平衡了自然生态与人工,它曲折的造型、堆砌的粗犷玄武岩,不再是一种矫揉造作的"装饰",而成了空间关系和个性的象征,在人工和生态之间成功地实现了和谐统一。

花园的设计目标是对所有从屋顶流下的降水进行引导和暂时储存。工程设计巧妙而细致,能够收集、储存降水并对其水质进行净化处理。

降水循环系统将降水从其排水路径引入城市降水循环系统,并对降水进行调节和引导,所有这些景观都建造在停车场上方的混凝土地板上,由于受到项目的特点和位置所限,降水在这里能够短暂滞留而不下渗。每次降水之后,降水可以在此滞留 30 h 左右,这

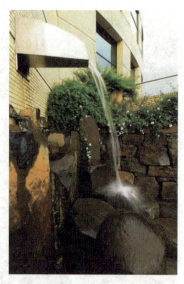 

图 3-13　美国波特兰会议中心雨水花园

段时间内，降水可以自然地沉淀和净化，三根铜质落水管把降水从屋顶引入预制的混凝土水道中，然后流入低浅的缓流池中，最后流进常储水池中。池中的花岗岩石块雨水花园不仅增强了美观性，还提高了池水的安全性。降水短暂滞留后，从两个具有特色的水堰表面流过，降水之后，水池中的水会流入区域降水循环系统。通过这些设计减少了区域内降水储存设施的面积。

3.4.2　中国黑龙江群力国家城市湿地公园——中国第一个"雨水花园"

群力国家城市湿地公园（简称群力公园）位于中国黑龙江哈尔滨群力新区，公园占地面积 34 hm²，是城市的一个绿心。场地原为湿地，但由于周边的道路建设和高密度城市的发展，该湿地面临水源枯竭，湿地退化，并有消失的危险。设计师将面临消失的湿地转化为雨洪公园，一方面，解决新区雨洪的排放和滞留问题，使城市免受涝灾威胁；另一方面，利用城市雨洪，恢复湿地系统，创造出具有多种生态服务功能的城市生态基础设施。实践证明，设计获得了巨大成功，实现了设计的目的。群力公园鸟瞰图、实景图分别如图 3-14、图 3-15所示。

图 3-14　群力公园鸟瞰图　　　　　　图 3-15　群力公园实景图

其设计策略是保留场地中部的大部分区域作为自然演替区,沿四周通过挖填方的平衡技术,创造出一系列深浅不一的水坑和高低不同的土丘,成为一条蓝-绿项链,形成自然与城市之间的一层过滤膜和体验界面。沿湿地四周布置雨水进水管,收集城市雨水,使其通过水泡系统经沉淀和过滤后进入核心区的自然湿地山丘上的密植白桦林,水泡系统中为乡土水生和湿生植物群落。高架栈桥连接山丘,布道网络穿越丘陵。水泡系统中设临水平台,丘陵上有观光亭塔之类,创造丰富多样的体验空间。

桥南公园海绵
改造实例视频

建成的公园,不但为防止城市涝灾做出了贡献,而且为新区城市居民提供优美的游憩场所和多种生态体验。同时,昔日的湿地得到了恢复和改善,并已成为国家城市湿地。该项目成为一个城市生态设计,城市雨洪管理和景观城市主义设计的优秀典范。

低影响开发与雨水收集密不可分,通过对地势的把握、当地降雨量和生产活动排水的实际情况来初步设计低影响开发,低影响开发需要适应当地条件,尤其是土壤、植物选择、地下输水管道等方面,能真正做到对雨水进行收集、过滤、净化与保持,实现最大化的循环利用。

【延伸阅读】

低影响开发与海绵城市之间的区别与联系

从低影响开发的定义及发展历程可看出,低影响开发首先是城市规划与开发建设的重要理念,旨在减少城市开发建设对自然水文特征的影响。在技术层面,低影响开发更强调对降雨事件的控制,以径流总量为控制目标,多采用源头、分散、小型绿色技术措施。而我国海绵城市建设旨在转变城市发展理念,构建可持续的城市发展方式,其核心理念与美国低影响开发一致,但由于我国长期以来在城市雨水领域的发展相对滞后,积累了城市内涝、径流污染等多重问题,因此我国的海绵城市建设是在继承古代先贤智慧,充分参考国外实践经验,系统总结雨水管理领域长期研究成果的基础上,结合我国城市水系统的实际问题提出的,其核心是构建基于绿灰结合的现代城市雨洪控制系统。通过"渗、滞、蓄、净、用、排"综合措施,解决"治涝"与"治黑"等突出问题,最终实现水生态保护、水环境改善、水安全有保障、水资源可持续等多重目标。这既是"继承发展",又是"另辟蹊径",最终实现我国在城市雨洪管理领域的"系统治理"。

思考探究:请同学们查阅资料,选一个典型的海绵城市建设案例,深入分析其与国外低影响开发技术的主要区别。

【课后习题】

1. 简述低影响开发技术的概念。

2. 简述低影响开发技术的意义。

3. 分析中国黑龙江群力国家城市湿地公园项目用到的低影响开发技术、措施。

4. 查阅资料,分析低影响开发技术在加拿大的研究应用现状。

5. 查阅资料,分析生物滞留措施(雨水花园)截留、降解污染物的原理。

4 海绵城市的规划

知识目标	理解海绵城市设计的生态学原则； 掌握景观生态学在海绵城市设计中的应用； 掌握海绵城市设计与生态基础设施设计、生态城市设计和流域生态治理之间的区别与联系
能力目标	能运用景观生态学知识，开展海绵城市设计； 能综合运用生态基础设施设计、生态城市设计、流域生态治理等知识，解决海绵城市设计的问题； 具备理论联系实际、举一反三和将理论知识转化为实践的能力
素质目标	具备查阅资料，独立思考、解决问题的能力； 具备敢于创新、实事求是、团结协作的职业素养； 具备终身学习的意识与能力

📁 教学导引

　　海绵城市建设是通过城市规划建设管控，系统管理城市雨水，实现自然积存、自然渗透、自然净化的城市发展方式的途径，涉及城市水生态、水环境、水安全、水资源等方面的内容，而非单纯的市政设施建设，其理念和要求需要专项规划统筹，从而在城市建筑与小区、道路与广场、绿地等各要素中落实并有机衔接，相互配合，系统实现。那么，海绵城市设计与生态景观设计、生态基础设施设计、生态城市设计以及流域生态治理等之间又有怎样的区别与联系呢？

住房和城乡建设部在 2014 年 10 月编制了《海绵城市建设技术指南——低影响开发雨水系统构建(试行)》,其中部分内容涉及海绵城市绿地规划设计与建设。2015 年 4 月,财政部、住房和城乡建设部、水利部联合推进海绵城市试点工作。2016 年,住房和城乡建设部印发《海绵城市专项规划编制暂行规定》。2017 年 5 月 25 日,《全国城市市政基础设施建设"十三五"规划》公布,明确提出海绵城市建设率等具体指标,由此海绵城市规划将有章可循,建设从概念逐步落实到具体行动目标上,使得海绵城市建设进入新阶段。2019 年《中共中央 国务院关于建立国土空间规划体系并监督实施的若干意见》(中发〔2019〕18 号)正式印发,预示着全国统一、责权清晰、科学高效的国土空间规划体系正在构建。

城市设计的主要工作是对城市空间形态的整体构思与设计,其基本要素是用地功能、建筑外观及开放空间。在城市设计的过程中,要将"硬质"设计与"软质"设计相结合,统筹考虑。这里的"硬质"指的是建筑和路面等硬质材料,"软质"指的是景观、水域和植物等生态环境。因此,开展设计工作的一个基本条件就是顺应自然。在这一前提下,海绵城市的设计理念应运而生,打造"天人合一"和"融入自然"的思想,是对当代城市设计只注重建筑美学形态这种观念的修正与完善。海绵城市设计应当全面地考虑城市与自然的共生,让雨水、阳光、风、植物与城市空间形态完美地融合,让城市在适应环境变化和应对自然灾害等方面具有良好的"弹性",真正达到与自然和谐共处的目标。

海绵城市规划是以解决城市内涝、水体黑臭等问题为导向,以雨水综合管理为核心,将绿色设施与灰色设施相结合,统筹"源头、过程、末端"的综合性、协调性规划。重庆市海绵城市规划效果图如图 4-1 所示。

图 4-1　重庆市海绵城市规划效果图

推进海绵城市建设是在城市规划建设中落实生态文明理念的重要内容,涉及工程性与非工程性措施,关系建筑与小区、道路与广场、城市绿地、河湖水系等方面的建设项目,需从规划、建设、运行维护、管理全周期开展管控。

4.1 海绵城市设计的生态学原则

海绵城市设计应遵循生态学基本原理。生态学虽体系庞大、包罗万象,但其原则主要包含三个关键点:承载力、关系和可持续性。首先,任何生态系统都有一定的承载力,事物在承载力范围内良性发展,超出承载力范围则失衡。海绵城市设计中,应保证水资源承载力、水环境承载力、水生态承载力和土壤承载力等的平衡。其次,生态系统内各事物间相互关联,直接影响了事物的形成与发展。海绵城市设计应正确处理水与土壤的关系、水与植被的关系、水与陆地的关系以及空间格局的关系等。最后,实现系统的可持续性。海绵城市设计成功的一个重要标准就是其可持续性,一个科学、合理的设计必然是环保、生态以及可持续的。生态必然是可持续的,不可持续的必然不生态。一个可持续的海绵城市设计,必须符合以下生态学原则。

(1)生态优先原则

在进行海绵城市规划时,应该将生态系统的保护放在首位,当生态利益与其他的社会利益和经济利益发生冲突时,应该首要考虑生态安全的需求,满足生态利益。首先对区域生态系统和当地生态系统本底进行调查,在不破坏当地生态系统的前提下,确定优先保护对象。海绵城市应强调生态系统的整体功能,在城市中生态系统具有多种功能,但是生态系统的社会功能、经济功能、供给功能、支持功能以及景观功能均应该以生态功能为基础,形成生态优先,社会-经济-自然的复合生态系统。

(2)保护城市原有的生态系统原则

最大限度地保护原有的河流、湖泊、湿地、坑塘及沟渠等水生态基础设施,尽可能地减少城市建设对原有自然环境的影响,这是海绵城市建设的基本要求。采取生态化、分散的及小规模的源头控制措施,降低城市开发对自然生态环境的冲击破坏,最大限度地保留原有绿地和湿地。城市开发建设应保护水生态敏感区,优先利用自然排水系统与低影响开发设施,实现雨水的汇集、渗透、净化和可持续水循环,提高水生态系统的自我修复能力,维持城市开发前的自然水文特征,维护城市良好的生态功能。划定城市蓝线,将河流、湖泊等水生态敏感区纳入城市规划区中的非建设用地范围,并与城市雨水管渠系统相衔接。

(3)多级布置和相对分散原则

多级布置和相对分散是指在海绵城市规划中,要重视社区和邻里等小尺度区域生态用地的作用,根据自身性质形成多种体量的绿色斑块,降低建设成本,并达到分散径流压力,从源头管理雨水的目的。要将绿地和湿地分为城市、片区及邻里等多重级别,通过分散和生态的低影响开发措施实现径流总量控制、峰值控制、污染控制及雨水资源化利用等目标,防止城镇化区域的河道侵蚀、水土流失及水体污染等。保持城市水系结构的完整性,优化城市河湖水系布局,实现自然、有序排放与调蓄。

(4)因地制宜原则

应根据当地的水资源状况、地理条件、水文特点、水环境保护情况以及当地内涝防治要求等,合理确定开发目标,科学规划和布局。合理选用下沉式绿地、雨水花园、植物沟、透水铺装和多功能调蓄设施等低影响开发设施。另外,在物种选择上,应该选择乡土植物和耐淹植物,避免植物因长时间浸水而无法正常生长,从而影响净化效果。

(5)系统整合原则

基于海绵城市的理念,系统整合不仅仅包括传统规划中生态系统与其他系统(道路交通、建筑群及市政等)的整合,更强调了生态系统内部各组成部分之间的关系整合。要将天然水体、人工水体和渗透技术等统筹考虑,再结合城市排水管网设计,将参与雨水管理的各部分整合起来,使其成为一个相互连通的有机整体,使雨水能够顺利地通过多种渠道入渗贮存、利用和排放,减小暴雨对城市造成的损害。

4.2　海绵城市设计的景观生态学应用

景观生态学(landscape ecology)是生态学中重要的学科分支,也是非常实用的一门科学,它用于指导整个土地利用、土地规划、城市规划、生态系统修复及海绵城市设计等。

4.2.1　景观生态学的主要内容

景观生态学主要有三部分内容:空间、格局、尺度。景观生态学没有改变生态学里的承载力概念和可持续概念,但是生态关系这一概念有三大侧重点:第一,景观生态学突出了空间关系,包括城市天际线的关系、植物与岸边的关系和全球气候变化的空间关系。第二,景观生态学突出格局关系。在自然系统中,空间关系有一定的自然格局,这些格局与系统的功能和结构相辅相成,只要研究好这个格局,在规划设计中追求自然和艺术,就能够实现空间格局关系的艺术性和可持续性。第三,尺度问题。例如,城市污水处理与整条水系治理是处于两个不同的尺度上的问题,所涉及的内容不一样,设计的理念也不一样。一个小区的开发与城市区域的发展焦点不一样,不同尺度具有不同的关系,设计师必须掌握好不同系统和区域之间的尺度关系。不同尺度有不同的设计理念、不同的焦点和不同的生态关系,如果能掌握这一点,我们的设计就会是生态的。

景观生态学不但是景观设计师必须掌握的科学、设计理念以及设计技术,也是海绵城市设计师所必须掌握的。这是因为所有的设计都旨在处理空间关系,即空间格局。什么是空间格局?对于一条河流,一个城市的绿地系统、景观系统和生态廊道,什么地方该有树,什么地方该有草,什么地方该有水,以及弯曲的河道、海岸线和水岸线等,这就是空间格局。为什么河流是弯曲的?美国佛罗里达州把基西米河裁弯取直后,排洪顺畅了,但湿地水位逐渐降低以至于消失。没有了湿地的净化,河流污染直接进入河道并顺着河道排到湖里。于是湖泊污染了,河道污染了,湿地消失了,鸟也不见了。当年他们花费数十亿美元做这个工程,20世纪90年代又花费双倍甚至更多的钱进行恢复。这就是破坏自然空间格局的代价。

自然湿地里的空间格局,包括河床里的湿地空间格局是合理的,一切遵循自然法则。

为什么有些地方是芦苇,有些地方是水面?这种芦苇和水面交错镶嵌的空间格局之所以能维持,是几千年来演变的结果,它是自然的,也是可持续的。

同时,作为一个好的生态设计师,应该在不同尺度上做出不同的设计,或者说,一个好的海绵城市设计,有丰富的多样性。有些可为,有些不可为,这就是海绵城市设计全部创意的理念。此外,海绵城市设计除了要有前瞻性,还要考虑比设计区域更大的区域的影响。设计不能局限于所设计的区域范围。比如,从生态角度来讲,三峡工程的影响可能不局限于三峡库区。远离三峡的鄱阳湖湖水连续干枯,为什么呢?我们知道,水系里的泥砂是宝贵的资源,黄河平原、珠三角及长三角都是泥砂淤积形成。三峡工程建成后,长江中下游江水含砂量锐减,泥砂减少,河水就会切割河床,原本长江水流入鄱阳湖然后流出,长江河床下切以后,流进鄱阳湖的长江水减少,鄱阳湖的水位就急剧下降,其生态影响是难以估量的。从生态学来讲,有些影响是长远的、跨区域的以及巨大的。一个可持续的海绵城市设计,就不能不考虑这种长远的和跨区域的大尺度影响。

4.2.2　景观生态学的结构与功能

景观生态学以不同尺度的景观系统为主要研究对象,以景观结构、景观功能和景观动态等为研究重点。其中,景观结构为不同类型的景观单元以及它们之间的多样性和空间关系;景观功能为景观结构与其他生态学过程之间的相互作用,或景观结构内部组成单元之间的相互作用;景观动态是指景观结构和功能随时间不断地变化。景观结构、景观功能和景观动态相互依赖、相互制约,无论在哪个尺度上的景观系统中,景观结构和景观功能都是相互影响的。在一定程度上,景观结构决定景观功能,而景观功能又影响景观结构。

斑块、廊道和基质是景观生态学用来解释景观结构的基本模式。斑块是指与周围环境在外貌或性质上不同,但又具有一定内部均质性的空间部分,常见的斑块形式包括湖泊、农田、森林、草原、居住区及工业区等。廊道为景观格局中与相邻周围环境呈现不同景观特征并且呈线性或带状的结构,常见的廊道形式包括河流、防风林带、道路、冲沟及高压线路下的绿带等。基质是景观中分布最广且连续性最大的背景结构,常见的基质形式包括郊区森林基质、农田基质和城市中的城市建设用地基质等。景观中任何一个要素不是在某斑块内就是在起连接作用的廊道内或落在基质内,三者是有机的统一体。

4.2.3　景观生态学在海绵城市设计中的应用

景观生态学在海绵城市设计中的应用主要表现在流域层面、城市层面以及场地层面。

(1)流域层面

地表和地下水来源的区域就是流域。因此,要防止上游、支流河流的水土流失和湖泊蓄滞洪水能力下降,阻止上流水域生态服务功能退化所导致的中下游城市的洪水泛滥,应通过研究流域生态系统内各个组成要素的结构和功能,采用完善上游和支流格局,恢复上游湖泊调节功能,保护河流生态廊道等方法构建完整、稳定及多样的生态系统,从而达到流域防灾减灾的作用。

（2）城市层面

在城市建设过程中，不合理的规划和建设使得本可以在景观生态过程中进行自然演化的基质和斑块因受到人工斑块的侵蚀而破坏乃至消失。例如，一些保障城市水文自然循环过程的重要景观元素如滨河绿道、城市天然的排水沟和草地植被等天然廊道、斑块都被人工斑块阻断或者取代以致遭到毁灭性的破坏。城市景观呈现破碎化及连接度弱化的趋势。城市自然水循环遭受了破坏，从而导致城市型水灾的发生。因此，城市发展建设规划必须以水循环为依据和基础，调整城市用地布局，完善城市水系结构，采取雨水生态补偿，恢复和保护这些重要景观要素的结构和功能，从而达到保障城市安全的目的。

（3）场地层面

场地设计中城市型水灾发生的主要原因之一就是不分场所地将雨水迅速排到城市雨水管网中。根据景观生态学原理，当人类活动引起景观系统发生变化时，应该尽可能多地实现景观功能与价值。所以通过集蓄利用雨水、渗透回灌地下水、综合利用雨水将场地的设计和生态环境结合起来，实现防灾减灾。

以景观生态学为原理对流域、城市和场地三个不同层面进行分析，通过在流域层面构建一个完整、稳定及多样的生态系统，在城市层面维护城市自然水循环，在场地利用雨水并保持场地雨水渗入通畅，最终实现海绵城市的设计理念。

4.3 海绵城市设计与生态基础设施设计

城市生态基础设施由流域汇水系统以及城市的排水系统构成，是具有净化、绿化、活化及美化综合功能的湿地（肾），绿地（肺），地表和建筑物表层（皮），废弃物排放、处置、调节和缓冲带（口），以及城市的山形水系和生态交通网络（脉）等在生态系统尺度的整合，涵盖了城市绿地、城市水系以及生态化的人工基础设施系统（建筑及道路系统）等。与城市灰色基础设施相比，生态基础设施建设对于维持生态安全和城市健康更为重要，是城市可持续发展和生态城市建设的保障。

海绵城市建设，以修复城市水生态环境为前提，综合采用"渗、滞、蓄、净、用、排"等工程技术措施，旨在解决城市地下水涵养、雨洪资源利用、雨水径流污染控制、排水能力提升与内涝风险防控等问题，将城市建设成具有"自然积存、自然渗透、自然净化"功能的"海绵体"。海绵城市建设包括以下三个方面：一是对城市原有生态系统（如城市水系、绿地系统等）进行保护；二是对受到破坏的生态系统进行生态恢复和修复；三是低影响开发。其关键在于对河流、湖泊、湿地及坑塘等水系以及绿地、可渗透路面等"海绵体"的建设。因此，从广义上来说，海绵城市建设包括城市生态基础设施建设和生态城市建设，其主要建设途径是低影响开发设施的建设。

海绵城市建设是基于中国新型城镇化战略、生态文明战略、生态城市战略以及生态文明战略的生态基础设施建设，其设计理念贯穿各项城市生态基础设施建设之中。但相较于之前的城市生态基础设施建设,其更加侧重于水质和水污染的生态治理技术和设计。

海绵城市建设采用低影响开发技术,从而实现雨水"渗、滞、蓄、净、用、排"等的低影响开发设施的耦合。渗——减少路面、屋面、地面等硬化地表面积,雨水就地下渗,从源头上减少径流;滞——延缓峰现时间,降低排水强度,缓解雨洪风险;蓄——削减峰值流量,调节雨洪时空分布,为雨洪资源化利用创造条件;净——对污染源采取相应控制手段,减轻雨水径流的污染负荷;用——实现雨洪资源化,雨水回灌、雨水灌溉及构造园林水景观等,形成雨水资源的深层次循环利用;排——统筹低影响开发雨水系统、城市雨水管渠系统以及超标雨水径流排放系统,构建安全的城市排水防涝体系,确保城市运行安全。

将低影响开发设施融入城市绿地系统、水系、路面及建筑屋面等的规划设计中,形成各生态基础设施的整合系统,是雨洪管理的重要手段和措施,如图 4-2、图 4-3 所示。

图 4-2　低影响开发措施——绿色屋顶

图 4-3　低影响开发设施——雨水花园

　　绿地系统是城市中最常用的"海绵体"，也是构建低影响开发雨水系统的重要场地。其调蓄功能较其他用地要强，并能满足对海绵城市建设中周边建设用地的荷载要求。城市绿地及广场的自身径流雨水可通过透水铺装、生物滞留设施和植草沟等小型及分散式的低影响开发设施进行消纳，而在城市湿地公园和有景观水体的城市绿地及广场中，更宜建立雨水湿地和湿塘等集中调蓄设施。

　　水系是城市径流雨水的自然排放通道（河流）、净化体（湿地）及调蓄空间（湖泊、坑塘等）。首先，其岸线应尽量设计为生态驳岸，以提高水体的自净能力；其次，在维持天然水体的生态环境前提下，充分利用城市自然水体设计湿塘和雨水湿地等雨水调蓄设施；最后，滨水绿化控制线范围内的绿化带可设计为植被缓冲带，以减小相邻城市道路等不透水面的径流雨水的径流流速和污染负荷。

　　路面及建筑屋面是降雨产汇流的主要源头。对城市道路而言，人行道、车流量和荷载较小的道路宜采用透水铺装，道路两旁绿化带和道路红线外绿地可设计为植被缓冲带（图 4-4）、下沉式绿地、生物滞留带及雨水湿地等。此外，植草沟、生态树池和渗管或渠等也可实现雨水的渗透、存储及调节。而对于建筑屋面，绿色屋顶是较为有效的低影响开发设施，也可用雨水罐和地上或地下蓄水池等设施对屋面雨水进行集蓄回用。

图 4-4　植被缓冲带在道路建设中的应用

　　径流雨水首先应利用沉淀池和前置塘等进行预处理，然后汇入道路绿化带及周边绿地内的低影响开发设施，且设施内的溢流排放系统应与其他低影响开发设施或城市的雨水管渠系统和超标雨水径流排放系统相衔接，以实现"肾-肺-皮-口-脉"的有机整合。

在城市总体规划的指导下,做好低影响开发设施(城市绿地、水系、建筑及道路交通等生态基础设施)的类型与规模的设计及空间布局,使城市绿地、花园、道路、房屋及广场等都能成为消纳雨水的绿色设施。并且,结合城市景观及城市排水防涝系统进行规划设计,在减少城市径流和净化雨水水质的同时形成良好的景观效果,实现海绵城市建设"修复水生态、涵养水资源、改善水环境、提高水安全及复兴水文化"的多重目标。

4.4　海绵城市设计与生态城市设计

现代城市开发建设的蓬勃发展给我们的生活带来了诸多便利,同时也留下了许多"顽疾"。其中,与市民生活息息相关的"水"问题,成为众多城市悬而未决的难题。现代城市中,混凝土和柏油路面等硬质铺地的大量建设,致使雨水一般只能通过人工管道排放,土壤失去了本身的渗透能力。雨季,城市管道排放系统往往会瘫痪,造成严重的内涝(图4-5)。

在缺水地区,70%的雨水被排放,等于浪费了70%的天然水源;而城市为了满足用水需求,却花费大量的人力、物力从区域外调水,造成了严重的资源浪费和财力损失。此外,大规模地建造硬质道路广场和高层建筑,导致绿地和水体相应减少,增强了热量传导及光线折射,减缓了热量的散失,造成了城市热岛效应。

针对这一系列的城市生态环境及水资源利用问题,学者们前后提出了建设生态城市和海绵城市的理念。所谓生态城市,是指根据生态学原理构建的一个自然-经济-社会复合系统,它属于城市可持续系统的一个子系统,能够为人类提供一个和谐、美好的人居环境,是一个自然和

图 4-5　严重的内涝

谐、经济可持续发展、节约能源、社会公平、城市环境优美的稳定的人工复合生态系统。而"海绵城市"的提出,主要目的是能有效地降低城市的内涝风险,同时缓解城市水资源缺乏问题,体现了"可持续"城市建设理念。从概念上看,生态城市以城市可持续发展为内涵,覆盖了自然、经济、社会三个层面,是最广泛的生态系统和谐发展的总和。海绵城市则是较具体地从城市雨洪管理的角度探索城市建设与水文生态系统的关系。因此,海绵城市属于生态城市范畴,是城市发展的具体生态途径。生态城市和海绵城市理论,将更好地促进城市全方位、可持续发展。

建设海绵城市,首先要改变传统城市"快速排水"和"集中处理"的规划设计理念,传统的理念认为将雨水快速排出及大量排出是最好的方法,因此,在进行市政规划设计时,往往把重点放在管道和抽水泵等排水系统建设上,但这种做法的结果就是不但没能缓解内涝严重的问题,还在城市中出现旱涝急转的状况,造成不可估量的损失。故在海绵城

市的规划设计理念中,应考虑水的循环利用,将水循环和控制径流污染相结合,而其中最重要的就是增加城市弹性的"海绵体"。城市原有的"海绵体"通常包括河、湖及池塘等水系,是天然的蓄水、排水和取水区域。而海绵城市的建设则是在城市中又新增了下沉式绿地、雨水花园、植草沟渠、植被过滤带和可渗透路面等一系列低影响开发设施,视其为"新海绵体"。强调不随意浪费及排放雨水,使雨水渗透进这些"海绵体",并在其中进行贮存、净化和循环利用,以提高城市水资源利用效率,减轻城市的排水压力,降低城市污水的负荷。

在海绵城市建设规划中,对河湖、湿地和沟渠等现存的"海绵体"进行最大程度的保护,修复遭受破坏的生态环境,严格控制周边的开发建设。从整体的规划角度来看,应强调将海绵城市理念引入城乡各层级规划中,在总体规划中强调合理划定城市的蓝线和绿线,保护河流、湖泊及湿地等自然生态资源,将海绵城市建设的要求与城市的绿地系统、水系布局和市政工程建设相结合;在控制规划中,将屋顶绿化率、垂直绿化率、下沉式绿地率和透水铺装率等纳入控制规划指标中,使其能够更合理、有效地进行作业;此外,将海绵城市的建设理念植入绿地系统规划和城市排水防洪规划等各类专项规划中,并保证确实有效地实施。落实到具体建设方面,则主要以居住区、道路、公园、广场和商业综合体等为对象,融入海绵城市的建设理念。如在传统旧城区内,进行大规模的地下管道建设十分困难,但凡遇到暴雨天气,地处低洼的居住区往往内涝严重,基于海绵城市设计理念,将原有铺装置换成透水铺装,建设下沉式绿地及雨水花坛,适当增加屋顶绿化,不仅能够使雨水下渗,净化生活用水和消防用水等,还能够缓解城市热岛效应。至于道路方面的建设,可以对道路两侧的广场和步道采用透水铺装并设置道路绿化带、生态树池、植草沟和地下蓄水池等,增加地面的透水性及绿化覆盖率,最大限度地把雨水保留下来,通过管道与周边的公园水系和河流相结合,形成城市的应急储备水源。

海绵城市的建设目前还处于推广阶段,应该将新的理念融入已有的城市规划中,从而更好地创造适合市民生活的空间环境。

4.5 海绵城市设计与流域生态治理

4.5.1 流域生态治理与海绵城市的关系

流域是指由分水线所包围的河流集水区,是一个有界水文系统,在这个区域的土地内所有生物的日常活动都与其共同河道有着千丝万缕的联系。流域剖面透视图见图4-6。

流域是一个动态的有组织的复合系统。大气干湿沉降因素、人类日常活动以及周边大自然的新陈代谢都是影响流域系统的重要因素。随着中国城镇化的快速发展,水资源的污染问题已受到广泛的重视。水污染治理,必须统筹考虑整个流域,重点从点源污染和面源污染的防治着手,同时修复水生态自净化系统,真正做到恢复流域内的自然生境。海绵城市的建设理念主要针对雨水管理,实现雨水资源的利用和生态环境保护,极大地缓解了城市面源污染的入河风险。因此，城市的规划与建设应以环境承载力为中心，建立海绵城市系统，实现流域生态系统可持续发展。

东湖港综合
整治工程视频

图 4-6　流域剖面透视图

4.5.2　流域生态治理针对的问题

（1）洪涝问题

从大禹治水到修建四川都江堰，中国从未停止与河道洪水抗争，都江堰的修建摒弃对洪水采用"围堵"的方式，而多以"疏洪"为主。但是，现如今河滨城市的发展与河道周边的土地存在无法避免的竞争关系，临河而建的城市为保证城镇居民活动在河道两侧修建人工堤坝。堤坝分隔了陆地生态系统与河道生态系统的联系，使河道无法实现天然滞洪、分洪削峰和调节水位等功能，且堤坝承受压力过大，对重大洪水灾害的应对弹性低。随着河岸两侧表土严重流失，河床逐渐垫高，河流变成天上河，呈现出"堤高水涨，水涨堤高"的恶性循环。另外，随着城市化进程加快，地面大量硬化，人口集聚，市政管道排涝能力滞后于城市化进程，强降雨时城市积水较为严重，逐渐形成城市现有的突出问题——内涝灾害。

（2）干旱问题

城市为避免内涝灾害，多以雨水"快排"的方式，使雨洪流入市政管道，保证地面干燥，久之则地下水位降低，出现旱季无水可用的现象。因此，补给地下水的需求尤为急切。

（3）污染问题

流域生态治理要将整个流域的生态系统与人体健康安全统筹考虑。地表径流具有"汇集"的特征，地表污染物随地表径流的汇集而进入江河湖泊。另外，早期中国工业化发展以及城镇建设多以牺牲环境为代价，污水处理厂的尾水排放标准不高，且存在企业为减少成本而偷排污水的现象。截污工程推进缓慢，河流被反复污染，黑臭现象突出，城市居民陷入水质型缺水危机。目前,全国城市中有约 2/3 缺水,约 1/6 严重缺水,水资源短缺已成为制约经济社会持续发展的重要因素之一。随着工业化进程的不断加快,水资源短缺形势将更加严峻。

因此,对于流域的总体治理应该从城市的角度权衡,减少人类生产、生活对生态环境的破坏,降低人为干扰因素的影响。建设海绵城市正是从减少人为干扰因素出发,从源头控制污染,合理管理利用雨洪资源,补充地下水。

4.5.3　流域生态治理的思路

流域生态治理不应只着眼于河道的治理,更要从流域全局出发,从城市和乡村不同角度着手,针对城市内涝、面源污染及生态修复等不同方面采取治理措施。以广东省东莞市黄沙河流域生态治理为例,分析流域治理的总体思路。

东莞市 50 年一遇降雨量为 287 mm,易发生洪涝灾害,且因近年来东莞市偏重工业发展,所以河水污染较为严重。以黄沙河为例,能够较好地解释流域治理以及海绵城市在流域治理中的重要地位。黄沙河全长 34.9 km,流域总集雨面积 197.6 km^2,上游段建有作为东莞市饮用水水源的同沙水库一座,水生态环境敏感度高,下游河道两侧多为重工业厂房,存在偷排污水问题。

在流域生态治理方面,设计思路以由内向外和自上至下的空间格局进行分析。首先应解决黄沙河行洪排涝安全问题;其次应采用生态工程措施对水质进行改善,进行河滨景观设计,提升河滨土地价值,实现产城一体目标;最后对东莞市旧城区进行海绵城市改造,融入低影响开发设施理念,发挥其"集、蓄、渗、净"等功能,并将雨洪作为资源,保证旱季有水可用,雨季有水可蓄的可持续发展目标。

4.6　海绵城市规划存在的问题及解决措施

目前我国各城市的海绵城市规划需要全面统筹,需要在评估相关规划,包括土地利用规划、城市总体规划,以及城市水资源、污水、雨水、排水防涝、防洪（潮）、绿地、道路、竖向等专项规划的基础上,统筹研究,并将海绵城市规划成果要点反馈给相关规划者,再通过上述相关规划予以落实。但是国内大部分城市缺少上述相关规划或者已有规划质量不高、指导性不强。据此,可以从以下几个方面提升海绵城市规划的要求。

（1）确定核心目标和指标

研究城市基础条件和现状问题,明确海绵城市建设的必要性、方向与要解决的主要问题,确定建设标准和指标体系,提出关键指标,如年径流总量控制率等指标的要求。

（2）构建海绵空间管控格局,确定海绵建设重点区域

对城市的山水林田湖自然本底进行全面摸底,识别需要管控的海绵空间,构建海绵城市的自然生态空间格局,提出保护与修复要求;评估海绵城市建设技术的用地适宜性;划定海绵城市管控分区,提出对城市竖向的管控要求,分解相关海绵指标,明确建设策略和指引。结合各城市规划发展需求和现状问题,在排水分区完整的基础上,明确近期、中

期乃至远期海绵城市建设的重点区域与建设内容。重点区域应在海绵城市专项规划的指导下,编制海绵城市详细规划,将分解到排水分区或控制性详细规划单元的管控要求再进一步分解,落实到地块建设的控制指标和城市市政设施的建设项目上,为构建区域雨水排水管理制度奠定基础,以更好地指导地块管控和建设实施,满足各地规划建设管理诉求。

(3)衔接相关规划

将雨水年径流总量控制率、径流污染控制率、排水防涝系统等有关控制指标和重要内容纳入城市总体规划,将海绵城市专项规划中明确需要保护的自然生态空间格局作为城市总体规划空间开发管制的要素之一;指导控制性详细规划尽可能考虑独立汇水区的因素,进一步将指标落实到地块和市政设施,奠定规划建设管控制度的基础;衔接城市竖向、道路交通、绿地系统、排水防涝等相关规划,将规划成果要点反馈给这些专项规划者,并通过专项规划的进一步细化,确保海绵城市建设的协调推进。

(4)制订绿灰结合的系统方案

着眼于城市水循环来统筹考虑问题的解决方案:既要坚持目标导向,确保城市雨水径流能够就地得到有效控制,实现自然积存、自然渗透、自然净化;同时又要突出问题导向,系统识别城市内涝积水、水体黑臭、河湖湿地生态功能受损等问题,并提出相关的解决方案。各地在绿灰结合解决问题的策略制定上应实事求是、因地制宜,抓住主要问题与矛盾:灰色基础设施较完善的地区可主要侧重绿色设施系统的构建和灰色系统完善;灰色基础设施建设较差的城市应同步统筹考虑绿灰结合,在弥补欠账的同时,注重提升绿色设施建设水平。

(5)解决资金、风险及社会方面的问题

首先,将一个大项目分解成多个子项目以 PPP 模式公开招标,这样可以避免大型项目可选择招标企业对象少的问题,也减少了牵涉资金过高所带来的一系列资金困境问题,但由于子项目过多,应以 PPP 项目的风险承担机制明确划分每个项目的责任方、获益方,正确定义各类工程的责任边界。尽量减少由责任边界模糊导致的一系列法律纠纷。第一,法律风险及政策风险应当由政府等公共机构承担,项目运营维护等商业活动所承担的风险应由中标企业承担。第二,出于对社会资本的保护,企业能够承担的资金、风险应有其上限,超过此上限则应给予企业相应的报酬、补贴。其次,政府等公共部门应积极与获益方合作,动员全社会的力量一起完成建设。

【综合案例】

中新天津生态城海绵城市规划

中新天津生态城海绵城市规划思路:① 治理黑臭水体,改善城市水环境。生态城建立前,该区域 1/3 是污染水面。尤其是营城污水库,近 40 年来一直接纳周边排放的工业废水及生活污水,重金属严重超标,水质恶化严重,为劣 V 类水体,夏季高温下水库散发难闻的气味,对周边空气和土壤造成极大污染。生态城建设拟制订科学的污水治理方案,对污水库的底泥和水体进行根治(图 4-7、图 4-8)。② 健全排水防涝体系,保障城市水安全。以低影响开发理念为指导,在治理污水的同时,保留疏浚现状古道河,拟新开挖惠风溪等水系廊道,相互连通,在塑造生态城水系生态景观基础上,形成生态城区域天然海绵体,发挥雨水调蓄作用。设置下沉式绿地、雨水花园、雨水调蓄池等海绵设施,对雨水进行调蓄与错峰排放,实现雨水减排缓排,降低雨水管网的排水压力,保障城市水安全。③ 合理利用雨水资源,降低城市运营成本。生态城水资源严重不足,年蒸发量远大于年降雨量。水域面积约 5.8 km²,年景观补水需求累计达 1850 万平方米。所有雨水收集后,经绿地净化全部进入景观水体,用于景观补水,年均近 300 万吨,约占景观补水的16%,这可以大大降低城市运营成本。在公共建筑与居住建筑项目中,充分考虑天津雨情特点,合理设置海绵设施。④ 海绵设施与滨水景观、公共空间、建筑功能有机结合。生态城坚持功能、内涵相统一原则,并非孤立设置海绵设施,而是将海绵设施建设有机融入开发项目,与滨水景观、公共空间、建筑功能有机结合,不断提升城市人居环境品质。

图 4-7　污水库填埋造岛　　　　　　　　　　图 4-8　污水库治理过程

思考探究:请同学们思考本案例是如何将景观生态学、流域生态治理、生态城市设计理念和生态基础设施建设等知识巧妙地融入海绵城市规划中的。从这个角度探讨海绵城市规划与景观生态学、流域生态治理、生态城市建设等的联系。

资料来源:迟向正,叶青,赵静,等. 中新天津生态城海绵城市规划建设管理的探索与实践[J]. 城市住宅,2020,27(8):7-13.

【课后习题】

1. 简述海绵城市设计应遵循的生态学原则。
2. 什么是景观结构?
3. 景观生态学在海绵城市设计中的应用主要表现在哪几个层面?
4. 什么是生态城市? 生态城市与海绵城市有哪些区别与联系?
5. 简述流域生态治理与海绵城市设计的关系。

5　绿色基础设施

📁　**学 习 目 标**

知识目标	熟悉绿色基础设施的设计思路； 掌握低影响开发设施的功能及设计要求； 熟悉各种低影响开发设施的功能特点及组合系统优化； 了解雨水收集系统、水处理技术
能力目标	能够根据海绵城市设计要求选择绿色基础设施； 能进行低影响开发设施组合系统优化； 能够根据实际情况进行雨量平衡分析，达到学以致用的目的
素质目标	具备联系实际、勇于创新、解决问题的能力； 具备团结协作、自我反思、精益求精的职业素养； 具备责任心，严谨求实的工作态度

📁　**教 学 导 引**

　　绿色基础设施是一个较为广泛的概念，它将生物多样性保护放置在一个更为广阔的环境中，可以提升雨水的渗透、过滤、蒸腾和蒸发效果，削弱热岛效应，打造一个良好的气候框架。除了在雨水管理方面发挥作用外，绿色基础设施还有助于减少洪水和改善空气质量。

　　在内容和功能方面，绿色基础设施和低影响开发设施分别从宏观规划和微观技术上加以考虑。绿色基础设施在具体应用中会用到低影响开发设施，低影响开发设施可作为绿色基础设施的一部分用以实现土地与水资源的保护性规划与可持续发展。

　　低影响开发设施主要有透水铺装、绿色屋顶、下沉式绿地、生物滞留设施、渗透塘、渗井、湿塘、雨水湿地、蓄水池、雨水罐、调节塘、调节池、植草沟、渗管（渠）、植被缓冲带、人工土壤渗滤系统等。

海绵城市是作为人类社会和生存环境的绿色空间建设的载体,其建设需要绿色基础设施和低影响开发设施的有机融合。绿色基础设施的一个个技术措施是海绵城市建设的构成元素,每个元素都有自己的功能、特点和适用情况,而且元素之间又互融互通、互相联结成一个整体,组成完整的海绵系统。绿色基础设施的每个单项设施往往具有多个功能,如生物滞留设施除具有渗透补充地下水的功能外,还可削减峰值流量、净化雨水,实现径流总量、径流峰值和径流污染控制等多重目标。因此应根据设计目标灵活选用低影响开发设施及其组合系统。

基于二元水循环
分析的蓝绿灰
系统设计探讨

城市开放空间与
海绵城市构建

5.1　绿色基础设施的设计思路

目前,海绵城市中的绿色基础设施有多种建设思路。其按功能分为低影响开发系统、雨水管渠系统、超标雨水径流排放系统、防洪排涝体系等;按位置分为源头控制、过程控制、末端控制;按规模分为小海绵系统、中海绵系统、大海绵系统;按形态分为绿色基础设施和灰色基础设施、蓝色基础设施。

海绵城市的建设思路不是一成不变的,也没有严格的界限,而是相互补充、相互依存的关系,要结合具体城市的地形、地貌等条件来综合考虑。绿色基础设施也不是独立存在的,它应该和其他蓝色、灰色基础设施一起联合使用,构建自然循环和社会循环一体化的二元循环城市水环境系统。

本书将绿色基础设施按照绿色基础设施的放置位置分为源头控制措施、中途转输措施和末端处理措施。在实际工程中这种划分不是绝对的,有时根据实际情况放置位置也会相应有所变化。

5.2　绿色基础设施的功能及设计要点

5.2.1　源头控制措施

源头段主要针对各类场地,通过对雨水进行渗透、储存、调节与截污净化等,有效控制径流总量、径流峰值和径流污染。

（1）透水铺装

透水铺装是一种可以对目标处理量进行拦截和临时存储的替代性铺面,径流从路面孔隙中经过后得到过滤,然后进入下面的砂石储层。经过过滤后的径流可能会被收集起来,然后返回输送系统内,在这个过程中,部分径流可能会渗入土壤。按照面层材料不同,透水铺装可分为透水砖铺装、透水水泥混凝土铺装和透水沥青混凝土铺装,嵌草砖、园林铺装中的鹅卵石、碎石铺装等也属于透水铺装。透水砖铺装典型结构如图 5-1 所示。

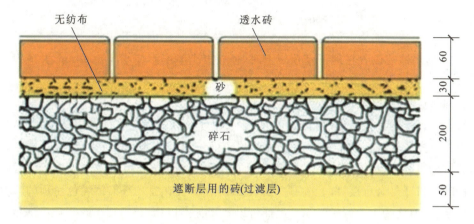

图 5-1 透水砖铺装典型结构示意图

透水砖铺装和透水水泥混凝土铺装主要适用于广场、停车场、人行道以及车流量和荷载较小的道路,如小区道路、市政道路的非机动车道等,透水沥青混凝土铺装可用于机动车道。透水铺装如图 5-2、图 5-3 所示。

图 5-2 彩色透水混凝土铺装

图 5-3 某公园透水铺装

透水铺装应用于以下区域时,还应采取必要的措施以防止次生灾害或地下水污染的发生。

① 可能造成陡坡坍塌、滑坡灾害的区域,湿陷性黄土、膨胀土和高含盐土等特殊土壤地质区域。

② 使用频率较高的商业停车场、汽车回收及维修点、加油站及码头等径流污染严重的区域。

透水铺装适用区域广、施工方便,可补充地下水并具有一定的峰值流量削减和雨水净化作用,但易堵塞,寒冷地区有被冻融破坏的风险。透水铺装结构应符合《透水砖路面技术规程》(CJJ/T 188—2012)、《透水沥青路面技术规程》(CJJ/T 190—2012)和《透水水泥混凝土路面技术规程》(CJJ/T 135—2009)的规定。透水铺装还应满足以下要求。

① 当透水铺装对道路路基强度和稳定性的潜在风险较大时，可采用半透水铺装结构。

② 当土地透水能力有限时，应在透水铺装的透水基层内设置排水管或排水板。

③ 当透水铺装设置在地下室顶板上时，顶板覆土厚度不应小于600 mm，并应设置排水层。

(2)绿色屋顶

绿色屋顶也称种植屋面、屋顶绿化等，是一种可以对雨水径流进行拦截和存储，并可以利用栽培介质促进植物生长的替代性屋顶表面。植被屋顶拦截到的部分降雨会蒸发或是被植物吸收，这也有助于减少开发场地内的径流量，降低洪峰径流流速。根据种植基质深度和景观复杂程度，绿色屋顶又分为密集型和粗放型。密集型绿色屋顶的栽培介质层较厚，其厚度为10 cm～1.2 m，上面可以栽种各类植物，包括树木。粗放型绿色屋顶的栽培介质层较薄，其厚度为10 cm，上面可以栽种精心挑选的耐旱植物。

绿色屋顶适用于大多数屋顶表面，尤其是混凝土屋顶板。某些屋顶材料，例如，经过处理的外露木材和裸露的镀锌金属并不适合作为绿色屋顶使用，因为污染物会从介质中析出，从而造成污染。另外，绿色屋顶还适用于符合屋顶荷载、防水等条件的平屋顶建筑和坡度角不大于15°的坡屋顶建筑。

绿色屋顶可有效减少屋面径流总量和径流污染负荷，具有节能减排的作用，但对屋顶荷载、防水、坡度、空间条件等有严格要求。绿色屋顶和屋顶花园分别如图5-4、图5-5所示。

图5-4　绿色屋顶

图5-5　屋顶花园

绿色屋顶构造如图5-6所示，绿色屋顶的设计可参考《种植屋面工程技术规程》(JGJ 155—2013)。在对绿色屋顶进行设计时，设计人员不仅要考虑屋顶的雨水存储能力，还要考虑屋顶承受额外雨水量的结构性能。

① 屋面坡度。

在相对平坦(坡度为1‰～2‰)的屋顶上修设绿色屋顶，可以使雨水存储量最大化。需要设置一定的倾斜度以保证正压排水，防止出现积水情况。

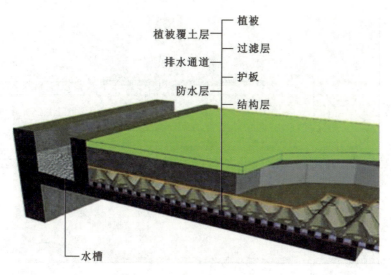

植被覆土层 —— 植被

—— 过滤层

排水通道 —— 护板

防水层 —— 结构层

水槽

图5-6　绿色屋顶典型构造示意图

② 建筑收进。

绿色屋顶不得修设在屋顶电力和暖通空调系统旁边。建议在屋顶周围留出 0.6 m 宽的无植被区,在屋顶渗透系统周围留出 0.3 m 宽的无植被区,作为防火带使用。

③ 植被。

绿色屋顶的顶层栽种有非原生、生长缓慢、浅根的多年生多肉植物,这种植物能够适应屋顶表面的恶劣条件。底层地被植物(通常为景天属植物)和主景植物的组合可以提高植被屋顶的视觉观赏价值。

(3)生物滞留设施

生物滞留设施(图5-7)是指在地势较低的区域,通过植物、土壤和微生物系统蓄渗、净化径流雨水的设施。生物滞留设施分为简易型生物滞留设施和复杂型生物滞留设施,按应用位置不同分为称作雨水花园、生物滞留带、高位花坛、生态树池等。

雨水花园作为低影响开发最为常见的设计手段,如今已延伸出了多种形式。雨水花园是自然形成的或人工挖掘的浅凹绿地,被用于汇聚并吸收来自屋顶或地面的雨水,通过植物、沙土的综合作用,雨水得到净化,并逐渐渗入土壤,涵养地下水。狭义的雨水花园仅为规模有限、结构简单的浅凹绿地,适用于小区或私宅绿化。而广义的雨水花园则可囊括具有调蓄和净化雨水径流能力的下沉式绿化设施。

生物滞留设施主要适用于建筑与小区内建筑、道路及停车场的周边绿地,以及城市道路绿化带等城市绿地内,如图5-8、图5-9所示。

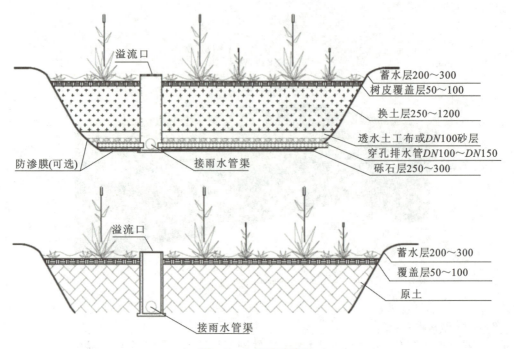

溢流口

蓄水层200～300
树皮覆盖层50～100

换土层250～1200

透水土工布或DN100砂层
穿孔排水管DN100～DN150
砾石层250～300

防渗膜(可选)　　接雨水管渠

溢流口

蓄水层200～300
覆盖层50～100

原土

接雨水管渠

图5-7　生物滞留设施

图5-8　路边生态树池

图5-9　花园中央生态树池

济南市海绵城市
建设建筑与小区
改造项目案例

对于径流污染严重、设施底部渗透面距离季节性最高地下水位或岩石层小于1 m及距离建筑物基础小于3 m(水平距离)的区域，可采用底部防渗的复杂型生物滞留设施。

生物滞留设施形式多样，适用区域广，易与景观结合，径流控制效果好，建设费用与维护费用较低；但地下水位与岩石层较高、土壤渗透性能差、地形较陡的地区，应采取必要的换土、防渗、设置阶梯等措施避免次生灾害的发生，建设费用较高。

生物滞留设施设计应满足如下要求：

① 对于污染严重的汇水区,应选用植草沟、植被缓冲带或沉淀池等对径流雨水进行预处理,去除大颗粒的污染物并减缓流速;应采取弃流、排盐等措施防止融雪剂或石油类等高浓度污染物侵害植物。

② 屋面径流雨水可由雨落管接入生物滞留设施,道路径流雨水可通过路缘石豁口进入,路缘石豁口尺寸和数量应根据道路纵坡等经计算确定。

③ 生物滞留设施应用于道路绿化带时,若道路纵坡大于1%,应设置挡水堰或台坎,以减缓流速并增加雨水渗透量;设施靠近路基部分应进行防渗处理,防止对道路路基的稳定性造成影响。

④ 生物滞留设施内应设置溢流设施,可采用溢流竖管、盖算溢流井或雨水口等,溢流设施顶一般应低于汇水面100 mm。

⑤ 生物滞留设施宜分散布置且规模不宜过大,生物滞留设施面积与汇水面面积之比一般为5%～10%。

⑥ 复杂型生物滞留设施结构层外侧及底部应设置透水土工布,防止周围原土侵入。如经评估认为下渗会对周围建(构)筑物造成塌陷风险,或者拟将底部出水进行集蓄回用时,可在生物滞留设施底部和周边设置防渗膜。

⑦ 生物滞留设施的蓄水层深度应根据植物耐淹性能和土壤渗透性能来确定,一般为200～300 mm,并应设100 mm的超高;换土层介质类型及深度应满足出水水质要求,还应符合植物种植及园林绿化养护管理技术要求;为防止换土层介质流失,换土层底部一般设置透水土工布隔离层,也可采用厚度不小于100 mm的砂层(细砂和粗砂)代替;砾石层起到排水作用,厚度一般为250～300 mm,可在其底部埋置管径为100～150 mm的穿孔排水管,砾石应洗净且粒径不小于穿孔管的开孔孔径;为加强生物滞留设施的调蓄作用,在穿孔管底部可增设一定厚度的砾石调蓄层。

⑧ 应当尽可能地避免干扰地下公共设施,尤其是给水管道和污水管道。如果公用事业管线位于生物滞留区下方或是从生物滞留区穿过,则需获得公用事业公司或机构的许可。

(4)人工土壤渗滤系统

人工土壤渗滤系统(图5-10)主要作为蓄水池等雨水储存设施的配套设施使用,其目的是使雨水达到回用水水质指标。人工土壤渗滤设施的典型构造可参照复杂型生物滞留设施。人工土壤渗滤适用于有一定场地空间的建筑与小区及城市绿地。人工土壤渗滤雨水净化效果好,易与景观结合,但建设费用较高。

(5)雨水集蓄系统

雨水集蓄系统可以对雨水进行拦截、转移、存储和释放。对雨水进行拦截和再利用可以大大地减少雨水径流量和污染负荷,雨水集蓄系统还可以通过为终端使用者提供可靠的可再生水源的方式,带来超出雨水管理范围的环境和经济效益。例如,增强水源保护和增加旱季供水、减少市政或地下水补给量、增加地下水补给量等。落在屋顶的雨水被收集和输送至地上或地下存储槽,然后作为非饮用水使用或进行现场渗透或处理。雨水集蓄系统主要由屋顶表面、收集和输送系统(水槽和落水管)、预处理结构、存储槽、分

图 5-10　人工土壤渗滤系统

配系统和溢流、过滤道六个主要部分组成。另外，人工土壤渗滤也是配合雨水集蓄使用的一种常见过滤措施。存储槽是雨水集蓄系统中最重要，通常也是最昂贵的部分，下面主要介绍蓄水池和雨水罐这两种常用的雨水集蓄装置。

① 蓄水池。

蓄水池（图 5-11）是指具有雨水储存功能的集蓄利用设施，同时也具有削减峰值流量的作用。主要包括钢筋混凝土蓄水池，砖、石砌筑蓄水池及塑料蓄水模块拼装式蓄水池，用地紧张的城市大多采用地下封闭式蓄水池。蓄水池典型构造可参照国家建筑标准设计图集《雨水综合利用》（10SS705）。

蓄水池适用于有雨水回用需求的建筑与小区、城市绿地等，根据雨水回用用途（绿化、道路喷洒及冲洗厕所等）不同需配建相应的雨水净化设施；不适用于无雨水回用需求和径流污染严重的地区。

蓄水池具有节省占地面积、雨水管渠易接入、避免阳光直射、防止蚊蝇滋生、储存水量大等优点，雨水可回用于绿化灌溉、路面和车辆冲洗等，但建设费用高，后期需重视维护管理。

② 雨水罐。

雨水罐（图 5-12）也称雨水桶，为地上或地下封闭式的简易雨水集蓄利用设施，可用塑料、玻璃钢或金属等材料制成。适用于单体建筑屋面雨水的收集、利用。

雨水罐多为成型产品，施工安装方便，便于维护，但其储存容积较小，雨水净化能力有限。

图 5-11　蓄水池　　　　　　　　图 5-12　雨水罐

5.2.2　中途转输措施

传输段主要涉及排水系统,与源头低影响开发雨水系统共同组织径流雨水的收集、转输与排放。条件允许时,最好用植草沟等绿色排水管渠来替代传统灰色管渠。

（1）渗井

渗井(图 5-13)是指通过井壁和井底进行雨水下渗的设施。为增强渗透效果,可在渗井周围设置水平渗排管,并在渗排管周围铺设砾(碎)石。渗井主要适用于建筑与小区内建筑、道路及停车场的周边绿地。渗井应用于径流污染严重、设施底部距离季节性最高地下水位或岩石层小于 1 m 及距离建筑物基础小于 3 m(水平距离)的区域时,应采取必要的措施防止发生次生灾害。渗井占地面积小,建设和维护费用较低,但其水质和水量控制作用有限。

渗井设计应满足以下要求:

① 雨水通过渗井下渗前应通过植草沟、植被缓冲带等设施对其进行预处理。

② 渗井的出水管管内底高程应高于进水管管内顶高程,但不应高于上游相邻井的出水管管内底高程。

渗井调蓄容积不足时,也可在渗井周围连接水平渗排管,形成辐射渗井。辐射渗井的典型构造如图 5-14 所示。

（2）渗管（渠）

渗管（渠）是指具有渗透功能的雨水管（渠）。可采用穿孔塑料管、无砂混凝土管（渠）和砾(碎)石等材料组合而成。

渗管（渠）适用于建筑与小区及公共绿地内转输流量较小的区域,不适用于地下水位较高、径流污染严重及易出现结构塌陷等不宜进行雨水渗透的区域[如雨水管（渠）位于机动车道下等]。渗管（渠）对场地空间要求小,但建设费用较高,易堵塞,维护较困难。渗管（渠）实物图如图 5-15、图 5-16 所示。

旅大街海绵改造
工程施工视频

图 5-13 渗井

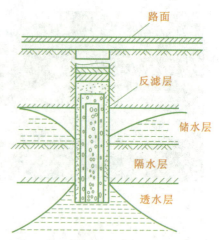

图 5-14 辐射渗井典型构造示意图

（路面、反滤层、储水层、隔水层、透水层）

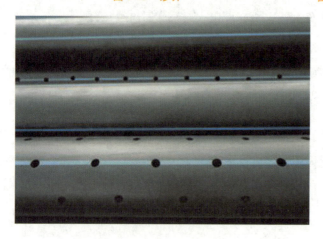

图 5-15 渗管

图 5-16 德国洼地渗渠

渗管（渠）应满足以下要求：

① 渗管（渠）应设置植草沟、沉淀（砂）池等预处理设施。

② 渗管（渠）开孔率应控制为 1‰～3‰，无砂混凝土管的孔隙率应大于 20％。

③ 渗管（渠）的敷设坡度应满足排水的要求。

④ 渗管（渠）四周应填充砾石或其他多孔材料，砾石层外包透水土工布，土工布搭接宽度不应小于 200 mm。

⑤ 渗管（渠）设在行车路面下时，覆土深度不应小于 700 mm。

渗管（渠）典型构造如图 5-17 所示。

在设计渗管（渠）时应注意以下几个要点：

① 预处理措施。一定要采取下列措施中的一种，对渗透措施内的流入量进行预处理：草坪过滤草带（最小为 6 m 长，保持坡面漫流）、草渠前池［最小为渗管（渠）设计容积的 25％］、砾石横隔板（最小为 0.3 m 厚，0.6 m 宽，保持坡面漫流）。

② 公共事业管线与渗透措施之间的最小水平距离应当保持在 1.5 m。公共事业管线不得从渗透措施的上方、下方穿过。供水井与渗透措施之间的最小水平距离应当保持在 30 m。

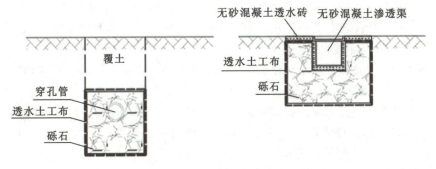

图 5-17　渗管(渠)典型构造示意图

③ 观测井。渗透措施应当设有观测井,并由直径 15 cm 的固定打孔 PVC 管组成,PVC 管还配设有一个与地面齐平的可上锁的盖子,以方便定期检修和维护。每 15 m 安装一口观测井。

(3)植草沟

植草沟也称浅草沟,指种有植被的地表沟渠,可收集、输送和排放径流雨水,并具有一定的雨水净化作用,可用于衔接其他各单项设施、城市雨水管渠系统和超标雨水径流排放系统,如图 5-18、图 5-19 所示。除转输型植草沟外,还包括渗透型的干式植草沟及常有水的湿式植草沟,可分别提高径流总量和增强径流污染控制效果。

图 5-18　某路边植草沟

图 5-19　重庆某小区植草沟

植草沟适用于建筑与小区内道路,广场、停车场等不透水面的周边,城市道路及城市绿地等区域,也可作为生物滞留设施、湿塘等低影响开发设施的预处理设施。植草沟也可与雨水管(渠)联合应用,在场地竖向允许且不影响安全的情况下也可代替雨水管(渠)。

植草沟具有建设及维护费用低,易与景观结合的优点,但已建城区及开发强度较大的新建城区等区域易受场地条件制约。

植草沟设计要求如下:

① 浅沟断面形式宜采用倒抛物线形、三角形或梯形。

② 植草沟的边坡坡度不宜大于 1:3,纵坡不应大于 4%。纵坡较大时宜设置为阶梯形植草沟或在中途设置消能台坎。

③ 植草沟最大流速应小于 0.8 m/s,曼宁系数宜为 0.2~0.3。

④ 转输型植草沟内植被高度宜控制在 100～200 mm。一定要对植草沟进行加固以防侵蚀或是携带泥砂进入下一系统,要选用能够经受住植草沟预期流速的较高大的植被,例如百慕大草、草芦、紫羊茅等。

⑤ 如果公共事业管线位于植草沟下方或是从植草沟穿过,则需获得公用事业公司或机构的许可。建议不要让公共设施平行排列于植草沟下方。

⑥ 预处理措施。如果是路面边缘的预处理结构,如草坪过滤带、砾石横隔板和分流器等,路面边缘与预处理结构内的草坪或石块顶部之间的落差应当为 5～10 cm,以防止垃圾堆积,堵塞预处理结构的进水口。

转输型三角形断面植草沟的典型构造如图 5-20 所示。

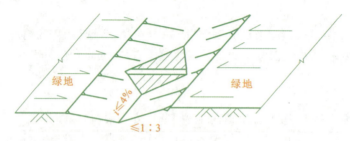

图 5-20　转输型三角形断面植草沟典型构造示意图

(4)植被缓冲带

植被缓冲带是坡度较缓的植被区,如图 5-21 所示,经植被拦截及土壤下渗作用减缓地表径流流速,并去除径流中的部分污染物。植被缓冲带坡度一般为 2%～6%,宽度不宜小于 2 m。

图 5-21　植被缓冲带

植被缓冲带适用于道路等不透水面周边,可作为生物滞留设施等低影响开发设施的预处理设施,也可作为城市水系的滨水绿化带,但坡度较大(大于 6%)时,其雨水净化效果较差。植被缓冲带建设与维护费用低,但对场地空间大小、坡度等条件要求较高,且径流控制效果有限。

植被缓冲带典型构造如图 5-22 所示。

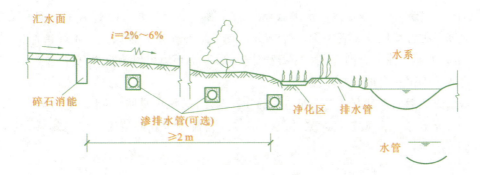

图 5-22　植被缓冲带典型构造示意图

植被缓冲带设计要点如下：

① 预处理区。植被缓冲带需在斜坡顶部设置豆砾石横隔板，其用途：一是充当消能预处理设施，在泥砂颗粒进入措施前对其进行沉淀；二是充当水平撑挡，使坡面漫流以径流的形式流过植被过滤带。另外，还可设置工程水平撑挡、透水护堤等预处理措施。

② 植被。缓冲带植被可以由草皮、草甸、其他草本植物、灌木和树木组成，只要草本植物的覆盖率达到 90% 即可。在缓冲带脚坡栽种既耐湿又耐旱的植被，可以将植被区划分成多个区域。

③ 指示标识。很多预处理洼地、植被缓冲带及场地内的部分托管草坪都在承包商不知情的情况下被喷洒了农药和化肥，可在场地内安装指示标识，以避免此种情况发生。

5.2.3　末端处理措施

末端处理措施用来应对超过低影响开发雨水系统、雨水管渠系统设计标准的雨水径流，一般通过综合比较选择自然水体、多功能调蓄水体、行泄通道、调蓄池、深层隧道等自然途径或人工设施。

（1）雨水湿地

雨水湿地，也称人工湿地，是一种可以接收雨水并进行水质处理的浅层植被洼地系统，如图 5-23 所示。雨水湿地利用物理、水生植物及微生物等作用净化雨水，是一种高效的径流污染控制设施。它可以用来减少污染负荷，达到地方雨水滞留标准的部分或全部存储要求，改造现有开发场地等。雨水湿地分为雨水表流湿地和雨水潜流湿地，一般设计成防渗型，以便维持雨水湿地植

图 5-23　雨水湿地

物所需要的水量;雨水湿地常与湿塘合建并设计一定的调蓄容积。

雨水湿地与湿塘的构造相似,一般由进水口、前置塘、沼泽区、出水池、溢流出水口、护坡及驳岸、维护通道等构成。雨水湿地的深度通常小于 0.3 m 且拥有多变的微地貌,用以促进多种湿地植被茂盛生长。新一轮暴雨产生的径流会替代上一轮暴雨产生的径流,长时间的雨水滞留有助于多种污染物的去除,湿地环境可以为重力沉降、生物吸收和微生物活动提供一个理想的环境。

雨水湿地适用于具有一定空间条件的建筑与小区、城市道路、城市绿地、滨水带等区域。雨水湿地可有效削减污染物,并具有一定的径流总量和峰值流量控制效果,但建设及维护费用较高。

雨水湿地设计要点如下:

① 进水口和溢流出水口应设置碎石、消能台坎等消能设施,防止水流冲刷和侵蚀。

② 雨水湿地应设置前置塘,对径流雨水进行预处理。

③ 沼泽区包括浅沼泽区和深沼泽区,是雨水湿地主要的净化区,其中浅沼泽区水深范围一般为 0～0.3 m,深沼泽区水深范围一般为 0.3～0.5 m,根据水深不同种植不同类型的水生植物。

④ 雨水湿地的调节容积应满足在 24 h 内排空雨水的要求。

⑤ 出水池主要起防止沉淀物的再悬浮和降低温度的作用,水深一般为 0.8～1.2 m,出水池容积约为总容积(不含调节容积)的 10%。

⑥ 适当的水量平衡。雨水湿地必须要有源自地下水、径流或基流的充足供水。

⑦ 雨水湿地的设计应当力求解决以下问题。

a. 入侵物种管理和控制。雨水湿地不仅成为野生动物的栖息地,还具备引人注目的社会特征。设计人员应该认真思考湿地植物群落将如何随时间而发展的问题,因为未来的植物群落会与植物群落最初的状态大不一样。入侵物种管理和控制问题是雨水湿地管理长期需要关注的问题。

b. 蚊虫风险。如果雨水湿地的规模较小或是只存在小片集水区,则蚊虫控制问题会是雨水湿地管理需要关注的问题。设计良好、规模合适以及经常维护的雨水湿地,少有蚊虫侵害的风险。没有一种设计可以彻底消灭蚊虫,但简单的防范措施就可以将雨水湿地中的蚊虫繁殖降至最低程度,例如提供持续不断的水流、为蚊虫天敌提供栖息平台,以及保持恒定的池塘水位。

c. 安全风险。雨水湿地比其他类型的池塘更为安全。

⑧ 雨水湿地的植被标准。雨水湿地均需制订初始湿地种植计划,而且应该由工程师和湿地专家或经验丰富的景观建筑师协同设计完成。这一计划包括对挺水植物、多年生植物、灌木和树种、各物种的数量、规模以及间距进行说明的种植进度表和种植计划。

雨水湿地典型构造如图 5-24 所示。

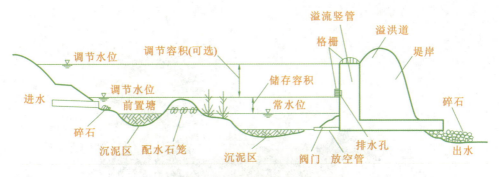

图 5-24　雨水湿地典型构造示意图

（2）雨水塘

雨水塘是一种用于雨水下渗补充地下水的洼地，如图 5-25、图 5-26 所示，其具有一定的净化雨水和削减峰值流量的作用。雨水塘适用于汇水面积较大（大于 1 hm²）且具有一定空间条件的区域，但应用于径流污染严重、设施底部渗透面距离季节性最高地下水位或岩石层小于 1 m 及距离建筑物基础小于 3 m（水平距离）的区域时，应采取必要的措施以防止次生灾害发生。雨水塘可有效补充地下水、削减峰值流量，建设费用较低，但对场地条件要求较严格，对后期维护和管理要求较高。

图 5-25　雨水塘

图 5-26　重庆国博中心雨水塘

雨水塘在设计时应满足以下要求：

① 雨水塘前应设置沉砂池、前置塘等预处理设施，去除大颗粒的污染物并减缓流速；有降雪的城市，应采取弃流、排盐等措施防止融雪剂侵害植物。

② 雨水塘边坡坡度（垂直：水平）一般不大于 1：3，塘底至溢流水位一般不小于 0.6 m。

③ 雨水塘底部构造一般为 200～300 mm 厚的种植土、透水土工布及 300～500 mm 厚的过滤介质层。

④ 雨水塘排空时间不应大于 24 h。

⑤ 雨水塘应设溢流设施，并与城市雨水管渠系统和超标雨水径流排放系统衔接，雨水塘外围应设安全防护措施和警示牌。

雨水塘典型构造如图 5-27 所示。

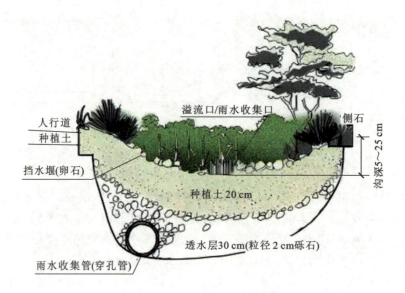

人行道
种植土
溢流口/雨水收集口
侧石
沟深5～25 cm
挡水堰(卵石)
种植土20 cm
透水层30 cm(粒径2 cm砾石)
雨水收集管(穿孔管)

图 5-27 雨水塘典型构造示意图

5.3 低影响开发设施比选

低影响开发设施往往具有集蓄利用雨水、补充地下水、削减峰值流量、净化雨水及转输等多种功能，可实现径流总量、径流峰值和径流污染控制等多个目标，因此应结合不同区域水文地质、水资源等特点，建筑密度、绿地率及土地利用布局等条件，根据城市总规划、专项规划及详细规划明确的控制目标，结合汇水区特征和设施的主要功能、经济性、适用性、景观效果等因素灵活选用低影响开发设施及其组合系统。

低影响开发设施比选如表 5-1 所示。

表 5-1 低影响开发设施比选一览表

单项设施	功能					控制目标			处置方式		经济性		污染物去除率（以 SS 计）/%	景观效果
	集蓄利用雨水	补充地下水	削减峰值流量	净化雨水	转输	径流总量	径流峰值	径流污染	分散	相对集中	建造费用	维护费用		
透水砖铺装	○	●	◎	◎	○	●	◎	◎	√	—	低	低	80～90	—
透水水泥混凝土	○	○	◎	◎	○	◎	◎	◎	√	—	高	中	80～90	—
透水沥青混凝土	○	○	◎	◎	○	◎	◎	◎	√	—	高	中	80～90	—
绿色屋顶	○	○	◎	◎	○	●	◎	◎	√	—	高	中	70～80	好

续表

单项设施	功能					控制目标			处置方式		经济性		污染物去除率（以SS计）/%	景观效果
	集蓄利用雨水	补充地下水	削减峰值流量	净化雨水	转输	径流总量	径流峰值	径流污染	分散	相对集中	建造费用	维护费用		
下沉式绿地	○	●	◎	◎	○	●	◎	◎	√	—	低	低	—	一般
简易型生物滞留设施	○	●	◎	◎	○	●	◎	◎	√	—	低	低		好
复杂型生物滞留设施	○	●	◎	●	○	●	◎	●	√	—	中	低	70～95	好
渗透塘	○	●	◎	◎	○	●	◎	◎	—	√	中	中	70～80	一般
渗井	○	●	◎	○	○	●	◎	◎	√	√	低	低	—	—
湿塘	●	○	●	◎	○	●	●	◎	—	√	高	中	50～80	好
雨水湿地	●	○	●	◎	○	●	●	●	—	√	高	中	50～80	好
蓄水池	●	○	●	◎	○	●	●	○	—	√	高	中	80～90	—
雨水罐	●	○	○	○	○	●	●	○	√	—	低	低	80～90	—
调节塘	○	○	●	○	○	○	●	◎	—	√	高	中	—	一般
调节池	○	○	●	○	○	○	●	○	—	√	高	中	—	—
转输型植草沟	◎	○	○	◎	●	◎	○	◎	√	—	低	低	35～90	一般
干式植草沟	◎	●	○	◎	●	◎	○	◎	√	—	低	低	35～90	好
湿式植草沟	○	○	○	●	●	○	○	●	√	—	中	低	—	好
渗管（渠）	○	◎	○	○	●	◎	○	◎	√	—	中	中	35～70	—
植被缓冲带	○	○	○	●	—	○	—	●	√	—	低	低	50～75	一般
初期雨水弃流设施	◎	○	○	●	—	○	—	●	√	—	低	中	40～60	—
人工土壤渗滤	●	○	○	●	—	○	○	◎	—	√	高	中	75～95	好

注：1.●——强；◎——较强；○——弱或很小；√——属于该项处置方式。

　　2.SS是来自美国流域保护中心（Center for Watershed Protection，CWP）的研究数据。

各类用地中低影响开发设施的选用应根据不同类型用地的功能、用地构成、土地利用布局、水文地质等特点进行，可参照表5-2选用。

表 5-2   各类用地中低影响开发设施选用一览表

技术类型 （按主要功能）	单项设施	用地类型			
		建筑与小区	城市道路	绿地与广场	城市水系
渗透技术	透水砖铺装	●	●	●	◎
	透水水泥混凝土	◎	◎	◎	◎
	透水沥青混凝土	◎	◎	◎	◎
	绿色屋顶	●	○	○	○
	下沉式绿地	●	●	●	◎
	简易型生物滞留设施	●	●	●	◎
	复杂型生物滞留设施	●	●	●	◎
	渗透塘	●	◎	●	○
	渗井	●	◎	●	○
储存技术	湿塘	●	◎	●	●
	雨水湿地	●	●	●	●
	蓄水池	◎	○	◎	○
	雨水罐	●	○	○	○
调节技术	调节塘	●	◎	●	◎
	调节池	◎	◎	○	○
转输技术	转输型植草沟	●	●	●	◎
	干式植草沟	●	●	●	◎
	湿式植草沟	●	●	●	◎
	渗管（渠）	●	●	●	○
截污净化技术	植被缓冲带	●	●	●	●
	初期雨水弃流设施	●	◎	◎	○
	人工土壤渗滤	◎	○	◎	◎

注：●——宜选用；◎——可选用；○——不宜选用。

5.4   低影响开发设施组合系统优化

低影响开发设施组合系统优化应遵循以下原则。

① 组合系统中各设施的适用性应符合场地土壤渗透性、地下水位、地形等特点。在土壤渗透性能差、地下水位高、地形较陡的地区，选用渗透设施时应进行必要的技术处理，防止塌陷、地下水污染等次生灾害的发生。

② 组合系统中各设施的主要功能应与规划控制目标相对应。缺水地区以雨水资源化利用为主要目标时,可优先选用以雨水集蓄利用为主要功能的雨水储存设施;内涝风险严重的地区以径流峰值控制为主要目标时,可优先选用峰值削减效果较优的雨水储存和调节等技术;水资源较丰富的地区以径流污染控制和径流峰值控制为主要目标时,可优先选用雨水净化和峰值削减功能较优的雨水截污净化、渗透和调节等技术。

③ 在满足控制目标的前提下,组合系统中各设施的总投资成本宜最低,并综合考虑设施的环境效益和社会效益,如果场地条件允许,应优先选用成本较低且景观效果较优的设施。

低影响开发设施选用流程如图 5-28 所示。

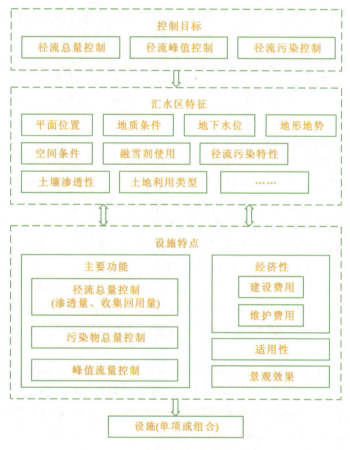

图 5-28　低影响开发设施选用流程图

5.5　海绵城市雨水系统

传统的土地开发模式,导致城市下垫面的透水性及滞水性能明显降低,而城市不透水地面的增加,使得降雨过程中城市内的汇流过程发生变化:地表径流增大、洪峰流量增加、行洪历时缩短及峰现时间提前,城市面临严重的内涝威胁。此外,水资源短缺、水环境污染已成为制约城市可持续发展的环境问题，而为降低城市内涝风险所采取的雨水"快排"措施，将雨水视为"污水"排入城市水体，导致雨水资源流失，城市水体污染等问题。

海绵城市建设将雨洪视作资源，通过雨水收集、净化和存储等设施实现雨洪资源化，既可控制降雨径流对城市造成的负面影响，又可有效利用雨水缓解城市水资源短缺的压力。

5.5.1 水文分析及地表径流设计

(1)海绵城市设计的年径流总量控制

借鉴发达国家实践经验，一般情况下，绿地的年径流总量外排率为 $15\%\sim20\%$（相当于年雨量径流系数为 $0.15\sim0.20$），年径流总量控制率最佳为 $80\%\sim85\%$。

我国由于地域辽阔，各个地区的气候特征和土壤质地等天然条件和经济条件差异较大，因此其径流总量控制目标也不同。陆地地区按年径流总量控制率 α 大致分为五个区：Ⅰ区（$85\%<\alpha<90\%$）、Ⅱ区（$80\%<\alpha<85\%$）、Ⅲ区（$75\%<\alpha<85\%$）、Ⅳ区（$70\%<\alpha<85\%$）、Ⅴ区（$60\%<\alpha<85\%$）。

(2)海绵城市设计前后的水文要素特征

同一场降雨，林地、农村、一般城镇和大都市因其开发程度和开发方式的不同，水资源的构成比例有很大差异。其中，林地的地表径流量最小，而地下水量最大，既不会发生洪水灾害，又可提供充足的生活和生产用水，最利于人类生存。土地开发前，降雨产流过程如下：降雨初期，雨水首先经过植物截留，然后降落地面，被土壤吸收，成为土壤水，同时，土壤水下渗补充地下水。随着降雨历时的增加，当土壤持水量达到饱和时，降雨在地表汇聚，形成径流。地表径流汇入河道，当河道流量达到最大时，即为洪峰。传统的土地开发模式下，表土层被大量硬质化，降雨无法下渗进入土壤层，在很短的时间内形成地表径流，通过市政管道迅速汇入河道。随着降雨历时的持续，地表径流量不断增加，河道水量迅速增长，在短时间内即达到较大的洪峰流量。若排水不及时发生溢流，则易形成洪水或内涝灾害。

海绵城市设计的主旨就是要维持土地开发前后的水文特征基本不变，如地表产流量、地表汇流时间、汇流流量、流速、洪峰大小和峰现时间等。同时，通过与城市市政管网的对接，与城市所在流域水系的连通，保障城市防洪排涝安全；通过蓄滞雨水，补充地下水，提高城市水资源存储量，缓解用水压力。

(3)以雨洪资源化为目的的地表径流设计

雨洪资源化的第一步是存储。海绵城市开发中的雨洪滞蓄设施种类较多，如雨水花园、蓄水湿地、湿塘、生物滞留池、调节塘以及广泛应用于居住小区、公共建筑的储水罐等。根据不同的年径流总量控制率，储水设施的规模和数量不同。

第二步是合理规划雨洪资源的利用途径。初期弃流后的降雨，经过净化设施去除携带的污染物，在雨水湿地、雨水花园和储水罐等蓄水设施中储存起来，用于生活（如冲洗马桶）、消防、景观，以及浇灌绿地和冲洗汽车等，将极大地减少城市自来水用量，节约有效水资源。

5.5.2 雨水收集系统的组成

雨水收集系统是指将雨水根据需求进行收集,并对收集的雨水进行处理使其达到设计使用标准的系统。雨水收集系统有以下六大基本组成部分。

① 集水区:雨水降落地点的表面。可以是屋顶,也可以是不可渗透的路面,并且可以包括景观区域。

② 输水系统:将水从集水区转输到贮水系统的渠道或者管道。

③ 屋顶冲洗系统:用于过滤和去除污染物和碎屑,其中包括初期弃流装置。

④ 贮水系统:用于贮存所收集雨水的系统。

⑤ 配水系统:利用重力或泵运输和配送雨水的系统。

⑥ 净化系统:包括过滤设备、净化装置及用于沉淀、过滤和消毒的添加剂。

净化系统只用于饮用水系统,并且一般设置在配水系统之前。

（1）集水区

集水区是一个确定的表面区域,它收集降落的雨水,一般来说是屋顶表面。非饮用水可以从任何材料的屋顶收集。而饮用水最好从金属、黏土或混凝土材料的屋顶收集。饮用水不应从含有锌涂料、铜、石棉片、沥青化合物的屋顶或铅制防水板或者含铅涂料构建的屋顶收集。

除屋顶外,露台表面、车道、停车场或沟渠都可以作为集水区。然而,因为地面径流中含有污染物的风险更高,所以从地面收集的雨水不应用作饮用水源,除非配水的同时伴随有净化系统净化水。

雨篷,一方面对构筑物起遮盖作用,另一方面可以收集雨水。一般在雨篷下面都会设有贮水池。雨水偏酸性,这就意味着它会溶解并携带一些集水区表面的矿物质进入贮水系统。

在某地区以降雨的方式得到的水的总量称为该地区的雨水储蓄量。该地区可有效收集雨水的实际水量称为雨水资源化能力。不同大小、不同结构的集水区所收集的雨水量都不同。一次降水中最多有90%的雨水量可以通过屋顶被有效地收集。收集到的雨水的质量是不定的,在某种程度上依赖于集水区质地——水质最好的水来自比较平缓、不透水的集水区。

（2）输水系统

常用的输水系统由带水落管或雨水链的檐沟组成,水落管和檐沟将雨水输送到贮水池或贮水箱。雨水链是一条长的链条,悬挂在檐沟上,用以引流雨水,这样就可以使雨水飞溅程度最小。在雨水收集过程中,雨水链一般是用来引导雨水到地下贮存或者排至景观区。檐沟应该保持干净并且无杂物,这样有利于延长檐沟使用寿命。清洁的檐沟在下雨过后能保持干燥,而干燥檐沟的寿命是潮湿情况下的3倍,这在一定程度上节约了成本。

输水系统分湿式和干式两种。湿式输水系统是指通至贮水系统的水落管中有存水,水落管沿墙垂直设置,进入地下后再向上翻接入贮水池。而在干式输水系统中,水落管向下排水直接进入贮水池,这可以避免大雨过后在输水系统中残留死水。干式输水系统可以降低蚊虫滋生的风险。

美国《统一通用建筑给水排水规范》关于雨水系统的附录，对檐沟、水落管和横管的尺寸均有规定。输水系统设计一般遵循此规范。

（3）屋顶冲洗系统

屋顶冲洗是减少杂物和可溶性污染物进入雨水收集系统的第一步。屋顶冲洗系统可以使用一种或几种装置过滤或收集杂物和可溶性污染物，如檐沟落叶防护装置、雨水罩、筛网或初期弃流装置（将在后面介绍）。前两种装置可以在移除杂物的同时保证收集最大量的雨水。如未设檐沟落叶防护装置、落叶分离器、雨水罩，或所收集的雨水作生活用水，就必须使用初期弃流装置。

屋顶，如同其他暴露在外的大型空间，其表面会连续堆积各种碎屑、树叶、淤泥以及其他污染物。雨水能冲刷并且带走一部分附着物。因此，初期雨水中的碎屑和可溶性污染物浓度极高。采用初期弃流装置收集并且处理这些初期雨水，以免其污染原先收集及贮存的雨水。

最简单的屋顶冲洗系统是由立管、收集雨水初期径流的容器和位于贮水池或贮水箱入口前的水落管组成的初期弃流装置。立管一般不会自动排水到雨水沟，因此应在其末尾加上一个旋紧式清除口堵头。立管应在每次下雨后清空，以备将来使用，并消除由泥砂和可溶性污染物而造成的死水腐败、滞留及对未来收集雨水的污染。

目前，德国某公司已经研发出一种名为 WISY 的简便自净过滤器，它结合了屋顶冲洗系统的立管和水落管这两个部件，不像传统的立管一样排走初期收集来的雨水，也就是说，如果收集的雨水供饮用，则意味着在使用前需要经过更多的净化流程。而 WISY 过滤器带有细筛孔的内衬，通过其加强型的立管将 90% 的雨水转移到水箱或水池，剩余的雨水携带树叶、碎片和淤泥则直接通过立管随着污水排放到排水管道或者附近的景观地区。

初期弃流装置的存储能力取决于集水面积和最终的附水用途。从屋顶收集的雨水通常会比从地表面或人行道收集的雨水更清洁，这意味着初期弃流装置的存储能力并不需要太大。从地表面或人行道收集的径流由于悬浮物较多可能需要更长的沉淀时间，还要有吸附垫吸收多余的油脂。因此，需要一个更为复杂和更大容量的初期弃流装置。

（4）贮水系统

在建筑工程中，屋顶雨水收集系统的大部分组成都要计算其投资费用。例如，所有的建筑物都会有屋顶，一般来说也都会有檐沟和水落管，大部分家庭住宅和商业建筑在其周围都会设置景观和灌溉系统。贮水池或贮水箱是雨水收集系统中投资最大的部分，因为家庭住宅和商业建筑最初多与贮水系统不相适应。贮水池可以分为以下三类：

① 放置在地面或各式地上式贮水池。

② 地面以下，地下或半地下式贮水池。

③ 住宅或商业建筑物内的组装贮水池。

大部分贮水池和贮水箱由三个部分组成：池（箱）的底部、池（箱）体、盖子。它们通常还包含一些小组件，如进水口、排水口、检查口及排水管道。一个典型的贮水池应该是密封的，由砖石、钢铁、混凝土、钢筋混凝土、塑料或者玻璃纤维等组成。贮水系统应该具有耐用、外形醒目、密封不透水的特性,并且要保持清洁,内壁要光滑,要用无毒的接口密封带密封,还要便于操作以及能承受静水压力。为防止水分的蒸发和蚊虫滋生,需装密封盖,以防止虫类、鸟类、蜥蜴、青蛙和鼠类等进入贮水箱。

地基的选择对贮水池很重要。由于水的重量,土壤可能发生沉降而破坏水池。地下水池应设置用于清理和检修的检查口或维修孔。贮水系统应当设置在既能最大化发挥供需功能又能最大限度地利用重力的地方。

(5)配水系统

储存的水可利用重力或者泵来运输和配水。如果贮水池在山上或者其位置高于所需灌溉的地区,那么就要利用重力。大多数管道设备和滴灌系统正常运行时需要一定的压力。泵一般用来提升地面和地下贮水池与贮水箱的水。

地上泵或者潜水泵可以用在任何雨水收集系统中。理想的设备是含有漂浮过滤吸入口和水位不足时具备自动关闭功能的自吸泵,正如前文提到的,储存水的底部一般会含有细小的沉淀物,应该尽可能地避免将这部分水吸入。

贮水系统的溢流口就像一个配水系统,可将多余的水传送到相邻的景观。所有这些地面上的溢出通道应设法防止啮齿类动物和昆虫进入。比如可以在管道的末端放置细网,在雨量比较大的地区,还可以像水池和厕所一样使用存水弯。

在田地灌溉中,储存水在被输送到灌溉泵和配水管道之前还要经过过滤器。这是为了避免灌溉系统阻塞。而对于饮用水,则在配水之前必须要经过净化。

(6)净化系统

如果收集的雨水作为饮用水,那么用泵把水抽送到净化系统,然后分送到各个用水点,如洗碗槽水龙头。在非饮用水系统中,就不需使用净化工艺。净化系统一般包括过滤器、消毒设备和控制 pH 值的缓冲器。过滤方式有在线或者多筒滤芯过滤、活性炭过滤、反渗透、纳米过滤、混合介质过滤或慢砂滤池。杀菌方法有沸腾或蒸馏、化学药品、紫外线和臭氧。供人们饮用的雨水要经过以下处理步骤:格栅、沉淀、过滤、消毒。其中,过滤和消毒是处理饮用水的雨水收集系统增加的两个功能。

雨水收集系统所有部分的常规维护使其雨水收集功能达到最优。每场降雨之后,初期弃流装置应该放空,要清洗檐沟并且清除碎片,溢流管道中应该没有杂物阻塞。为了确保无效率的损失以及冲刷掉所有底部的碎片杂物,应该定期检查过滤器、泵和贮水容器。同时应定期检查和修理所有的管道和连接处。田地里的水渠要定期清除无机杂物。及时评估土壤侵蚀的程度以防止水的流失并增加渗透时间。另外,灌溉的滴头和景观洼地应随着植物和根的生长而扩大。

5.5.3 雨水收集系统复杂性

前面对雨水收集系统的概念已经做了解释,但是在设计一个实际系统之前还需要解决几个问题。这些问题涉及系统的大小、复杂性、成本、用途和使用频率。雨水收集系统可以用于大工程或小工程,它们可以是已有工程的更新或是一个新工程的组成部分。为一个新工程设计雨水收集系统比起改造已有建筑或站点在便利性及成本方面有更多优点。雨水收集系统可以设计成一个被动、低成本的系统,也可以设计成一个主动、复杂和高成本的系统。这取决于系统的使用频率和水的用途，即用作饮用水还是非饮用水。

用水需求可以通过水量估算来评估。雨季用水需求可能很低，但是旱季雨水收集系统的使用需求会很大。旱季的需水量或高用水时需水量将决定雨季的蓄水量，而雨季蓄水量反过来又决定了贮水池的存储量。

容量是一项为雨水收集系统分级的指标。一个小型系统的容量为 1000～5000 gal，中型系统的容量为 5001～10000 gal，大型系统的容量为 10001～25000 gal，最大型系统的容量为 100000～200000 gal 或者更大。确定容量大小的时候，应该考虑一些特殊情况。在降雨均匀的地区，雨水可以不断地补充贮水池，因此可以建造一个小容量雨水贮水池，它依然能满足很高的用水需求。但是在降雨频率很低的地方，即使水的日需求量不高，也需要建造一个大容量贮水池。使用者必须使用雨水收集系统的次数以及时间间隔，称为雨水收集系统使用强度。雨水收集系统还可以按照水量安全性或可靠性分级。雨水收集系统的四级分级形式已被公认。

① 偶尔型：这是典型的小型容量的雨水收集系统，可以储存一天或两天使用的水。在雨季，这种系统会满足使用者大部分或者全部用水需求。在旱季，使用者可能要寻求其他水源。这种系统最适用于降雨均匀且降雨时间间隔很短的地区。

② 间歇型：这是典型的小到中型容量的雨水收集系统，可以在一年的部分时间满足使用者的用水需求，在旱季需要替代水源。这种系统最适用于有一个雨季的气候，在雨季，系统可以满足使用者中到大型容量的用水需求，包括景观的部分用水或者高质量水如饮用水的全年需求。在系统不能满足需求时，如历史性干燥的季节，使用者需要寻求替代水源。

③ 部分型：这是典型的中到大型容量的雨水收集系统，它能满足景观的部分用水需求或者高质量水，如饮用水使用者的全年需求。在系统不能满足需求时，如历史性干燥的季节，使用者需要寻求替代水源。这种系统最适用的气候是降雨可靠且均匀地频发在一个或两个很短的雨季。

④ 全部型：这是典型的大型容量的雨水收集系统，可以满足使用者全年用水需求。这应该是没有替代水源地区的最好选择，它需要严格的监管和水的规律性使用。

影响雨水收集系统分级的因素，包括供水需求、存储容量、水的用途，可采用水量估算或者水平衡分析来评估和确定。

5.6　被动式雨水收集

被动式雨水收集系统利用坡度和可渗透表面截留、分流雨水，对当地的景观带有利。

5.6.1　被动式雨水收集方法

被动式雨水收集始于汇水流域最远点的雨水管理。一个项目可能有多个有边界的小汇水流域，它们有助于雨水流速的减小和引流。适当的坡度能最大限度地利用汇水面积。当雨水流速减小或流经透水地面时，雨水会减弱对土壤的冲刷并有更多雨水下渗。

雨水减速和引流有多种途径,包括小池、洼地、盲沟、雨水花园、透水路面、路缘石和道路坡度设计。

土地发展的一个更生态的方法是模拟自然循环,尤其是水文循环。在原生态的环境中,几乎所有雨水和雪融水均渗透到地下,只有超过渗透能力的强降雨才产生地表径流。轻度、持续的渗透能维持植物的生命,并最大限度地补充地下水,减小洪水和土壤侵蚀。

地下水位线以上的土壤收集和贮存水是增加"绿色"水的一个方法。增加土壤的湿度意味着可减少维持景观植物生存所需人工灌溉的水量。在城市建设中,很大一部分地表被不可渗透材料铺装覆盖,切断了自然水文循环。不透水的地面增加了地表径流流速,因此也增加了洪水和土壤侵蚀的危害。

现今有很多更生态的雨水收集方法。例如,美国波特兰市当局承诺采取更生态的雨水管理方法,这一承诺已体现在绿色街道规划中。这个规划将先前未充分利用的邻近街道景观区转变为一系列雨水景观花园以接纳街道径流并使其减速、净化、下渗。过量径流则从一个花园进入另一个花园,最终,如果进入汇水区的雨水量超过土壤持水能力,雨水将排入雨水排水管道,但流速更慢,水质也更好。

路缘石的修整和景观植物的管理使原本直接排入威拉河的街道径流流向雨水渠。波特兰市环境服务处于2003年11月起草名为《区域可持续发展,新建、重建和补充项目》的文件,该文件列举了8项措施以及每项措施的益处和采取理由。各项措施如下:

① 雨水管理尽可能靠近源头,以减少或避免水和污染物流出区域,将雨水与区域发展、建筑、景观设计合为一体。

② 保护植被,植树造林,加强本土植被的利用。

③ 削弱街道、停车场、屋顶等不透水表面和其他铺装表面的影响。

④ 避免对沿途河道的破坏,建设植被缓冲带。

⑤ 避免洪泛区的扩张,修复自然洪泛区功能。

⑥ 预防及控制由建设和日常发展活动(如清扫、修筑坡度等)造成的水土流失。

⑦ 规划、设计街道以保护河道,减小径流流量和受污染的径流。

⑧ 召集当地的机构和社区,并在以上指导原则和措施方面对它们进行教育。

5.6.2 被动式雨水收集系统

区域雨水收集和截留有许多途径。屋顶雨水可收集储存用于灌溉或非景观用途,这将使所收集到的水量比由径流计算得到的水量少,即仅地表的径流通过被动方式解决。

微小流域最有利于小雨量雨水收集。通过放缓雨水径流来提高渗透率。它们可以直线布置或交错布置,这样使得溢出的径流不断减速而更多地渗入地下。微小流域可以是树坑,或是像绿色街道项目中允许雨水流入用界石围成的种植岛或接近走道和街道的小洼地。

洼地稍有坡度,就能放缓地表径流,延长雨水下渗时间。洼地对中等雨量雨水收集最有效,可以设置在人行道和车行道旁——它们将雨水引向植被区而远离建筑物。它们在宽度和处理方法上变化范围很大,从小洼地到使用重型设备整平的长沟渠。洼地常沿着等高线倾斜或垂直于径流流向。

盲沟和雨水花园用于迅速吸收雨水。盲沟和浮石带由石头填充而成，将水引向较低贮水和渗透区域。它们可以垂直或水平挖掘，即所谓的渗水坑或旱井。雨水花园作为景观区，用来将雨水引向中心储存区或渗透区。

透水铺装也用于延缓径流，促进下渗。若街道、天井、人行道、人行横道和停车场由透水材料铺成，雨水流经这些材料，再通过砂、石垫层到达自然土壤层。

总之，被动式雨水和径流收集技术包括利用地面坡度使径流流经或越过路边界石，进入位置较低停车场和邻近景观带的植物岛；人行道和车行道可以坡向景观区，而不是雨水沟；植物岛可以设计成单独的雨水花园或典型的景观区。总之，增加的雨水径流对植被有利。

被动式雨水收集系统的维护要点如下：

① 维护表面覆盖层时应保持池子及浅沟中无碎渣（覆盖层可减弱蒸发作用）。

② 修补因溢流和泄水造成的侵蚀。

③ 随着植物生长，扩大供水池以促进植物根系的延伸。

④ 增设主动式雨水收集系统作为补充水源，直到植物定植后终止补充水源的灌溉。

⑤ 确保景观区溢流通畅，维护原有造型，保证使用功能。

⑥ 每次降雨前后检查现场。

⑦ 防止淤泥和沉淀物进入渗水井和渗水区，尽可能仅利用屋面径流，或在雨水进入渗水井之前用植被浅沟、洼地去除沉淀物。

⑧ 每次降雨前后检查雨水花园的有害侵蚀情况。维修、清扫雨水立管格栅和石渠。

⑨ 遵循生产商的指导，每隔3～5年用道路清扫机械清扫透水铺装。

5.7 主动式雨水收集系统设备

本节介绍主动式雨水收集系统各组成部分的相关信息。

5.7.1 屋顶檐沟和水落管

屋顶檐沟和水落管可以收集、导流雨水以保护建筑物免受破坏。檐沟和水落管还可以将雨水从一些敏感地区，如通道、走廊以及需保护的土壤等处引开。檐沟通常只用于住宅建筑，而水落管往往既可以用于住宅建筑也可用于商业建筑。

购买金属檐沟时，要尽可能地选择密度大的金属，并且尽量使用原材料。二次利用或循环使用的材料通常密度不恒定，而且可能含有不可饮用的可溶性物质。虽然小心地使用梯子和其他维修设备能避免维修时造成的破坏，但小密度材料仍然易被倚靠的树枝或梯子损坏，如乙烯基檐沟或塑料檐沟易被维修设备损坏，但不易锈蚀。在极热或极冷的气候条件下乙烯基檐沟会变脆。钢制和铝制的檐沟在住宅中应用最为广泛。选用镀锌钢制檐沟最为经济，且其比铝制檐沟坚固，但缺点是会生锈。不锈钢制檐沟虽然价格最昂贵，但最坚固、不生锈，且能常年保持光泽。

檐沟应通过雨水斗与水落管相连接,而且在檐沟端头应该有封板和檐沟转角。檐沟各部分可用卡箍型接头连接,但连接处可能存在泄漏,可以使用无缝或连续型檐沟消除漏水问题。檐沟形状、尺寸和颜色多种多样。水落管主要呈圆形或方形,颜色最好能与檐沟匹配。

檐沟盖板和保护装置能防止因落入的树叶、动物尸体和玩具等垃圾造成的滞水沟体堵塞和下沉。保护装置有多种形式,包括可装卸滤网、格栅、百叶窗式格栅(阶梯式或带槽的过滤器)和头盔形格栅(雨水可通过檐沟和盖板之间的细长狭槽入沟)。

合适的屋面材料有很多种,但各种雨水收集系统都不建议使用铜制屋面材料。含锌的镀锌屋面则不适用于饮用水收集系统。

屋顶、檐沟和水落管的维护要点如下:

① 每6个月对檐沟和水落管进行一次检查,确保全部管夹和托架完好无损。损坏或缺失的零件应及时修理或补充。检查檐沟的坡度以保持良好的排水性能。

② 每6个月对檐沟内堆积的残渣进行一次清理。对于檐沟上方悬有植物的地方,应每3个月检查一次树叶堆积、生锈和霉变的情况。

③ 每个雨季前后都要对檐沟进行检查。

④ 修剪檐沟上方的树木和爬藤,以保证至少60 cm的区域内没有枝藤。

⑤ 当使用檐沟盖板时,应对其进行检查以消除敞口,防止鸟类或其他动物进入其中筑巢。检查所有的盖板夹以防止盖板损坏并阻塞檐沟。检查檐沟盖板上残渣的累积情况,必须扫除干燥的碎屑以防引起火灾。

⑥ 设置在景观区的水落管和出水口应每6个月检查一次,以确保防溅水池放置恰当以及出水口和邻近建筑有良好的排水性能;屋面向雨水斗的方向应有2%的坡度。检查动物栖息和阻塞状况。在植物成长期每隔两周检查一次植物生长状况,防止过度生长导致檐沟阻塞。

⑦ 清除所有残渣后,冲洗檐沟和水落管以冲走残留的污垢。

⑧ 地下排水管中应没有残留物,清除所有进入排水系统的淤泥或污垢。

屋面偶尔会长苔藓,应立即用不影响水质的方法进行处理。清理苔藓的过程中要拆开檐沟与水落管。

5.7.2　水落管过滤器

水落管过滤器可以进一步清除可能进入雨水存储系统的碎屑。其可以设置在屋顶冲洗装置和初期弃流装置之前。初期弃流装置把集水区表面初期径流分离出来,但允许后期径流经过。

在储存雨水之前可以选择砂滤器(过滤介质采用砂的水落管过滤器)过滤雨水,因砂和砾石能去除一些污染物,如加入石灰石还会使雨水的酸性得到中和。砂滤器需要定期进行反冲洗,否则细菌会附着生长在砂砾表面形成一层外壳,从而导致砂层顶部阻塞,沉淀物也会加速堵塞。应定期更换新砂。水落管过滤器使用海滩和采石场经筛选和清洗的砂。水落管过滤器应具备大比表面积且出水管和进水管尺寸相等的特点。

水落管过滤器的维护要点如下:

① 每 3～6 个月用温热肥皂水清洗或淋洗过滤器。

② 检查檐沟落水是否垂直。确保大部分水处于中心位置下落至地面,且流向树叶残渣分离网的背面。

③ 检查树叶残渣分离网堵塞和损坏状况。

5.7.3　初期弃流装置和屋顶冲洗装置

初期弃流装置设置在屋顶上,用于收集雨水并对屋顶表面进行清洗,一般包括集水容器、储水容器和冲洗装置。初期弃流装置有多种规格以满足雨水收集系统的需求。它们可以是水落管的一部分,可与贮水池、贮水箱分离或连接。水质要求较低的,收集的雨水作非饮用用途,如灌溉绿地、洗车或冲洗厕所,可用大雨量收集系统。初期弃流装置的尺寸取决于分流至储存系统的水量和水的最终用途。

为了使初期弃流装置高效运行——尤其在饮用水系统中——受到污染的水必须密封起来,防止流向贮水池的雨水与初期弃流装置中的污染水形成虹吸,造成贮水池雨水污染。

初期弃流装置应该在预设的容量下运行,而且被污染的水应与清洁水流隔离。初期弃流装置在预计流速下运行,要精确地保证大多数细菌在装置关闭之前被冲下屋顶。因为我们的目的是不浪费有价值的清洁水,那么确保最有效、安全地取得适量水的办法就是估计屋顶受污染的程度,并在此基础上预测所需弃流的水量。一个带浮球阀和底部有泄空阀的适当尺寸的水箱是最适宜的初期弃流装置。

如果初期弃流装置没有自动密封装置,最好将它安装在远离水落管的一段水平管上,这样屋面雨水不会直接跌入分流器,从而防止了污物被带入贮水池。

初期弃流装置和屋顶冲洗装置的维护要点如下:

① 每次降雨后,应自动或人工排出初期弃流装置里残留的污水。

② 雨季来临之前,检查屋顶冲洗装置的运行能力以及堵塞情况。

③ 如果装置不能自动清洗,每次降雨后应立即检查屋顶冲洗装置并排除积水。

④ 如果将吸油垫安装到初期弃流水箱内,应估计其每年的饱和或吸收能力,确定从汇水面冲刷到初期弃流装置的油量,可能需要多个吸油垫,应遵循生产厂家的指导。

⑤ 大型初期弃流装置应每年估计其沉淀物的量,必要时进行清扫。

⑥ 雨季来临之前,对碎屑挡板和植物残渣过滤网进行评估,保证水流自由通畅。

5.7.4　水落管向雨水桶或雨水链分流

雨水桶收集的雨水用作非饮用水。即使强度最小的降雨也能盛满一个雨水桶。雨水桶应安装筛网或塑料盖以防止蚊虫进入。即使有屏障,虫卵也可能随着汇水或排水沟的残留雨水进入雨水桶。

蚊虫浸入式盘可以用于雨水桶和贮水池,以杀死蚊虫幼体。在雨水桶之前推荐使用檐沟护盖和滤网装置。雨水桶应设置溢流孔、软管接口及相应的附件和排水塞,并且应放置在稳固的基础上。

应确保雨水链与檐沟相连,在可能有风的地区,雨水链要连接到地面。

雨水桶和雨水链的维护要点如下:

① 雨季前检查雨水桶,确保溢流口通畅且连接至合适的溢流地点。

② 雨季前检查雨水桶是否有裂缝、是否漏水,并检查所有连接管的磨损情况。

③ 检查顶部筛网是否有破洞以及碎屑累积情况。扫除碎屑,更换破损的筛网。

④ 按照生产商建议增加蚊虫浸入式盘,以保证雨水桶的能力。

⑤ 定期检查雨水链与檐沟和地面的连接及磨损情况,以保证良好的排水工况。

⑥ 如果雨水链将雨水引入地下排水沟,检查排水沟入口处碎屑的累积情况。

⑦ 检查防溅水池是否放置在合适的地点,以保证邻近建筑的排水工况良好。

5.7.5 存储系统

市场上贮水池和贮水箱的尺寸和材料多种多样。不管选择何种存储系统,其基础都必须水平且夯实。含内衬的钢水箱,往往需要混凝土基础。混凝土、玻璃纤维或塑料水箱,不需要混凝土基础和内衬。某些地方的大贮水箱不宜设置在建筑物或汇水面高程之下,所以需要一个相对小一些的存储罐,收集的雨水可以用水泵从这个小存储罐泵入主存储罐。

贮水箱和贮水池不必密封,存储系统需要通气以调节压力。地下贮水池必须能够承受表面荷载。一体式贮水箱在安装之前应经过渗漏检测,可选择安装进入地上或地下贮水池的永久性竖梯。

在以下情况下可能用到水泵:水池在地面以下;仅靠重力尚不能满足压力要求;收集的雨水需要分配到更高的地点;雨水需要在有压情况下分配。通常在饮用水系统中,悬浮式水泵进水口最好安装在刚刚淹没在液面以下的位置,因为该处的水质最好。当已经采用深度过滤或者贮水池中水质很好时,可使用井泵。

地上式或地下式贮水池的水位计可以是电子式的。地上贮水池可以选择简易装置。Levitator 水位计基于滑轮和平衡锤系统,在贮水池外接近池壁处安装一个自由悬挂的球,它随着贮水池内水位的变化而上升或下降。Liquidator 水位计与 Levitator 水位计相似,但是外部的水位标志被置于管中以防受到风和其他因素的影响。Dipstik 水位计是一根安装在池顶的可滑动杆,水位上升时向上滑,水位下降时向下滑。还有其他贮水池水位计,例如与 Uquicklor 类似的还有 Level Devil 水位计,它的平衡管中显示的水位与贮水池中水位高度相同。还有一种由澳大利亚雨水收集有限责任公司推入市场的名为 Rain Alert 的水位计,其由一个传感器(与水池连接)和一个接收器(在室内)组成,可以在 650 ft 的范围内使用。

存储系统的维护要点如下:

① 每次降雨前后检查所有入口和出口,清除堵塞或检修损坏部分,清扫所有滤网。

② 检查入口盖子,确保足够好的密封度,以阻止昆虫和动物进入。

③ 检查地上贮水池壁是否破损或渗漏,修理损坏处。

④ 检查贮水池基础是否沉降或开裂,最初是每次降雨后检查,之后每年检查一次。

⑤ 检查所有接口处的渗漏情况。

⑥ 用于饮用水供应，每月要检测水质。

⑦ 如果发现有蚊虫繁殖，应对其加以控制。

⑧ 定期（每3～5年）放空地下水池以检查渗漏、防水和结构的损坏情况，也可在存贮水量最少时检查。

⑨ 每隔6个月检查一次所有水泵和其他工作设备，比如供应补充水的开关，以保证良好的工作状态。

⑩ 如果在旱季需有补充水进入贮水箱，则应保证补充水与贮水箱水位之间有空隙。

5.8 饮用水处理技术

收集的雨水经净化可用作饮用水，首先要通过测试确定雨水水质。如前所述，雨水水质取决于汇水面、檐沟和水落管的材质。以下是几种典型的水处理技术，不同的处理系统可能需要进一步处理和过滤。

① 吸附：炭过滤器用于吸附。

② 紫外线：紫外线通过杀死水中的异养型细菌而对水消毒。

③ 反渗透：水通过半透膜从溶液浓度高的一侧向浓度低的一侧转移。大多数系统还应结合预过滤和后过滤装置。

④ 蒸馏：将水加热至沸点，收集水蒸气冷凝水，这样可以去除很多污染物，特别是重金属。

⑤ 臭氧：臭氧是氧气天然的同素异形体，在可用的氧化剂中氧化性最强。无机物和有机物都能被臭氧迅速氧化，并且其残留浓度低于其他化学方法。臭氧被高效注射器注入水中，同时可用侧流接触系统或池底扩散孔板系统来使之与池水混合。

水处理系统有以下两种类型。

① 入户点水处理系统，水在进入建筑物之前处理。

② 用水点水处理系统，根据用途单独处理，比如厨房或卫生间，也可采用以下手段：

a.用瓶装水。

b.安装龙头。

c.从水池顶部接出龙头。

d.设置单独的龙头。

e.采用重力式过滤器。

f.从顶部人工灌水。

饮用水过滤装置的维护要点如下：

① 经常检测水质，至少每6个月一次。

② 以高于产品使用指南所建议的频率更换过滤器。

③ 每天或至少每周检查一次是否渗漏。

④ 选用臭氧处理贮水池中的水以保证良好的水质。

⑤ 水应在过滤之后及配送之前消毒，因为过滤器可能受到污染。

5.9 水量估算及水平衡分析

5.9.1 水量估算

水量估算将会提供以月为基础的水量供求关系来确定集水区域的大小。此外,水量估算将会确定还需要多少补充水来补充雨水量的不足。

对于饮用水或非饮用水的需求,都可以采用同样的水量估算步骤。如果水的需求量大于雨水系统供水量,并且没有其他方法补水,那么水量估算将帮助我们决定需要减少多少水的需求量才能与雨水供给系统匹配。在允许的情况下,重新设计一个增加集水面积的工程,可以增加雨水收集量。补充性的供水手段,如水井或市政供水,可在连年少雨或者系统需要维护、水池需要排水时用作保障系统。由于水量估算基于年平均降雨量,不会很精准,但它作为一种计划手段有助于完善项目目标,完善水资源收集系统及水资源预期用途。

集水面积可以用当地月平均降雨量为计量标准。当集水区域恒定、不扩大时,可用传统的计算公式来确定径流量。计算方法如下:将集水区面积乘降雨量,再乘径流系数,然后乘 7.48[式(5-1)],即 1 ft³ 换算为 gal 的数值,所得结果即为该集水面积的雨水收集量。

当单个集水区域边界线不确定、收集区域是可调节的,式(5-1)必须修正[式(5-2)],以确定所需要的收集面积。当每天所需要或允许的水量已知,则第一步是要将每天所需的水量乘 365 d 以求得此项目一年所需的总水量;第二步是将按英寸计算的平均降雨量乘 0.623(7.48 gal/ft³ 除以 12 in 等于 0.623),转化成集水区域每平方英尺的雨水量;第三步是用一年所需的雨水量除以一年中每平方英尺所收集的雨水量。结果为满足此估算要求且百分百有效利用时,该集水区域内每平方英尺所需收集的水量。

$$集水区域内的径流量(gal) = CA \times R \times E \times 7.48 \qquad (5\text{-}1)$$

式中　CA——集水区面积,ft²;

　　　R——降雨量,ft;

　　　E——径流系数,见表 5-3。

表 5-3　　　　　　　　　　　城市地面径流系数取值

径流系数	分类
90%	平滑、不透水屋顶表面等,金属、瓦制和沥青铺设屋面
80%	碎石屋顶和铺装表面
60%	经处理的土壤
30%	天然土壤

$$整个集水区域所需要的面积(ft^2) = \frac{TWR \times 365}{AR \times 0.623} \qquad (5-2)$$

式中　TWR——每天所需的总水量，gal；

AR——平均降雨量，in。

在确定集水区面积之后，可以利用常规公式来确定在水量估算中径流的供应量。可能需要较大的集水面以满足水的需求，这取决于集水区域表面的径流效率。

表 5-4 给出了一个例子：在亚利桑那州菲尼克斯，一个典型的 10 acre 商业项目，其利用屋顶和地面作为集水区域。据集水区域为 94520 ft² 的屋顶面积和 257967 ft² 的路面面积按式(5-1)计算并填表。该表可根据需水量大小调整集水面积的大小。一旦计入潜在的径流供水量，即可得到以月为基准的需水量及供水量(径流)表。

表 5-4　　　　　　　　　　　　需水量预测　　　　　　　　　　（单位：gal）

月份	植被培养期的灌溉需求	可用的径流	径流减去景观灌溉需求	满足多余径流贮水需求	存储累积	灌溉需求的贮水箱水量	灌溉需求的市政供水量
1 月	41748	137339	95591	95591	329377		0
2 月	58076	132979	74903	74903	404280		0
3 月	93828	132979	39151	39151	443431		0
4 月	131867	61040	−70827	372604	372604		0
5 月	162460	23979	−138481	234123	234123		0
6 月	179897	17440	−162457	71666	71666		0
7 月	172746	170039	−2707	68959	68959		0
8 月	153744	185298	31554	31554	31554		0
9 月	126407	143879	17472	17472	49026		0
10 月	93828	93739	−89	48937	48937		0
11 月	54595	115539	60944	60944	109881		0
12 月	37414	161319	123905	123905	233786		0
年度汇总	1306610	1375569	68959	68959	443431	374561	0

5.9.2　水平衡分析

水平衡分析描述的是集水区可以收集的雨水量以及确认这些水量能否满足用水者的需求。表 5-4 被称为需水量预测表，它用来确定收集的雨水量是否满足预期需要的水量或者是否需要用其他水源进行补水。设计人员可以在预算时使用雨水收集最大量以及存储累积计算出在工程中所需贮水箱的体积和个数。

在需水量预测表中所显示的可用的径流最大值是流经贮水系统的最大水量，但是一部分已经进入贮水系统的雨水在下雨后还会再流出，如表 5-4 中所举的灌溉的例子。因此，以

需水量预测表中的存储累积最大值量(或最大存贮水量)作为确定贮水系统规模的数据。

当进行蓄水能力计算或者为补充水源供应设计进水口时,要考虑贮水池或贮水箱内管道距离顶部的空间。贮水池容量应从贮水池的底面至倒悬的溢流管来计算。一个倒置的溢流出水管通常在距贮水池或贮水箱顶部以下 10～12 in 处,这意味着这 10～12 in 是空气间隙,不应该被计入储存能力。如果事先预计了中水补水水源或有水落管的进口,则贮水池还需要增加额外的高度。

在亚利桑那州菲尼克斯,每月景观灌溉通常需要 10 acre 商业区雨水工程来完成表 5-5 中的水平衡。如表 5-5 所示,若所有的屋顶、人行道都用来收集雨水,则会收集到过多的雨水,水平衡便不能实现。从集水区面积中去除屋顶或者人行道的区域,则集水量最大值会有一定的减少,或者也可以增加景观区域面积来达到此目的。为保证此典型工程的水量估算平衡,可以从增加景观区域面积或者减少集水规模这两个方式中选择决策。

水平衡用于已建成的景观中。在植物培养期,新种植的植被除了所收集的雨水、径流外还需要更多的水源。植物培养期一般为 2～5 年,此后则不再需要补充水源。水平衡列出的雨水在植物的培养期可利用,植物一旦度过培养期,可减少集水区域以保证水的平衡。多余雨水也可以通过溢流管道引入景观区水池或渗井,以补充地下水。

雨水储存可以选择地上或地下贮水池。地下贮水池应该比较适合,因为地面多为建筑物和停车场提供空间,而且累积蓄水量需较大池容。

这个典型的 10 acre 商业项目的供水量估算说明,在项目规划阶段应做好供水系统估算。可通过对几个可选方案的评估,来确定集水区面积或径流量与所需水量的比例。

表 5-5 径流供应

月份	菲尼克斯降雨/ft	90％效率的屋顶集水/gal	80％效率的人行道集水/gal	总计/gal
1 月	0.063	40087	97252	137339
2 月	0.061	38815	94164	132979
3 月	0.061	38815	94164	132979
4 月	0.028	17817	43223	61040
5 月	0.011	6999	16980	23979
6 月	0.008	5091	12349	17440
7 月	0.078	49632	120407	170039
8 月	0.085	54086	131212	185298
9 月	0.066	41996	101883	143879
10 月	0.043	27361	66378	93739
11 月	0.053	33724	81815	115539
12 月	0.074	47087	114232	161319
年度	0.631	401510	974059	1375569

【综合案例】

案例一：俄勒冈会议中心雨水花园

位于美国俄勒冈州波特兰的俄勒冈会议中心雨水花园（图 5-29），在建筑物的南侧，位于建筑物与相邻道路之间。5.5 acre 的屋面雨水通过 4 个区域的水落管排入直线型排列的阶梯式花园。虽然波特兰的大多数雨水排入城市排水系统，但政府允许雨水直接排入邻近的威拉米特河。然而，这个工程的景观建筑师决定不直接将这些可能受到污染的雨水排入河中，而是通过植物和土壤渗入地表径流以保持较好水质。

图 5-29　俄勒冈会议中心雨水花园

雨水花园与流经此处的一条小溪相似。雨水流过阶梯式跌落,进入用石块垒成的水池。水池被位置较低的石堰分隔开,以保证雨水停留和下渗的时间。石堰还可减缓水的流速,使水在流入下游之前去除沉淀物。一旦水池满了,雨水将溢过石堰,跌落 18 in 到下一个水池。雨水花园长 318 ft,宽度平均约为 8 ft。景观花园用各种平石板、鹅卵石、棱石和柱状玄武岩建造而成。靠道路的水渠缘用钢板加强,以消除侵蚀的可能性并保持结构稳定。石渠下面的土壤由砂和鳟鱼谷的土壤混合而成,这种土壤能使大部分流速较慢的雨水快速下渗。

渠道止于一个集水池,此集水池同时也接纳流经 205 ft 长植被浅沟的卡车装载区的径流。为应对偶尔水池集满的情况,设置了 30 in 长市政雨水排水管道。因为供水充足,所以植物长得很茂盛。

资料来源:土木在线网(https://www.c0188.com)。

案例二:西雅图自然排水系统

西雅图的河流将车行道、街道、停车场的污染物带入普捷湾,对这个区域的鱼和其他野生动植物的食物链产生了影响。被污染影响的鱼类,包括需要得到保护的大马哈鱼和硬头鳟。为解决携带污染物的雨水问题,西雅图市批准了一个寻找解决办法的项目,即"西雅图公共事业自然排水系统"。

这个新项目最早是在一个与西雅图西北相邻的地区实施的,因为此地区的雨水管理系统不完善。这开启了一项创新性的研究来确定去除雨水所携带污染物的可能性。到2004 年,这项工程超出了人们最初的期望,获得了巨大成功,并顺利应用于 5 项较小的新工程和 1 项覆盖了西雅图西北部派柏溪流域 15 个街区的大工程。西雅图雨水花园如图 5-30 所示。

图 5-30　西雅图雨水花园

这种新方法具有多种积极影响,包括有助于邻近城市的雨洪控制,改善街道的外观和功能,保护环境,帮助城市实施地方、州、国家的环保法规。这个系统利用土壤和植被充分降低雨水径流,使之进入地下水循环系统,通过土壤渗透减少了水中的污染物。系统允许自然修复并且由自身控制进程。

资料来源：智铭设计（www.gdzmdi.com）。

案例三：雄安万科绿色研究发展中心的"雨水街坊"

海绵城市的高颜值生态景观呈现——"雨水街坊"，是在作为海绵城市细胞体的"雨水花园"基础上的理念与技术的核心升华，其集生态景观、建筑艺术、创新技术、雨洪管理、悦享、休憩于一体，使园区极具张力地发挥自然"弹性"，形成优异的生态水循环系统，轻松实现"在城市遇见自然"的美好愿望。

雄安作为中国的一张名片，其"世界眼光、国际标准、中国特色、高点定位"的总体建设要求，激发了无数人对未来城市的憧憬。考虑在坐落于京津冀腹地的雄安打造"雨水街坊"，就要探讨华北地区缺水、污染的自然问题，还要探讨京津冀人口疏散的社会问题，并且将以此为试点探讨未来中国中小城镇空间模式问题。从 2017 年 12 月到 2018 年 3 月，经过万科与阿普贝思历时 3 个多月的努力协作，自然生态的新型景观——"雨水街坊"落地雄安，如图 5-31 所示。

图 5-31　自然生态的新型景观——"雨水街坊"

设计团队采用低影响开发基底系统来统领"雨水街坊"整个项目的环境内涵。尊重自然性，追求低投入、低维护、低影响开发理念，注重人性化的自然体验和互动参与，尊重文化和地域性。以可持续景观理念探索生态景观的落地性。用"雨水街坊"方式综合解决海绵城市要求的景观营造问题；结合景观 EPC（工程总承包）的工作方式，设计与施工紧密结合，达到效果一致、省时间、省成本的目的。景观结合文化与技术表达，引导人们参与互动，让景观促进生活美好。

着眼于雄安新区智慧生态之城发展定位，"雨水街坊"被打造成适合于一万到十万平方米级别的社区、园区和街区等具有生态和文化需求的景观类型。作为"雨水花园"的升级版，"雨水街坊"是雨洪设施的景观化处理，更是城市生态机体至臻完美的升级再造。而"海绵城市"对应更大的城市尺度，是在数十万、数百万平方米及以上级别的城市区域，自然流域等层面的综合景观类型，需要集中处理多专业联动的复合型问题。

"雨水街坊"高度践行海绵城市的导向目标，让低影响开发思路融贯整个场地。内蕴三重动力水系统：自然条件下的可视化雨水路径、补水模拟展示雨径、趣味循环水景。图 5-32 所示为花园雨水路径与水循环详图。

图 5-32　花园雨水路径与水循环详图

"雨水街坊"有具备蓄排功能的下沉场地，也有架空的格栅平台，景观与在地文化的融合提升人们的参与性和互动性。采用抬高的台地种植花卉和灌木，既提供座椅和围合感、流线感，更为植物生长提供必要的土层厚度，也方便爱花的人们拍照、闻花香。五颜六色的有机覆盖物，有效抑制了裸土飞尘，减少绿地水耗，降低维护成本。自研生态被动房、装配式建筑等特色产品落脚于街坊的一侧，与环境自然融合。

"雨水街坊"为雄安未来感的都市意蕴的打造、全新生活方式的引领、生态景观空间的营造、可持续的绿色生活格调的创造带来了新的形态、新的理念、新的体验和感受，成为万科真正意义上的第一个海绵城市落地项目。将景观的传统单一商业价值拓展为多维价值的复合，有效解决海绵城市要求的绿色技术问题，满足低影响开发的绿色手段，为未来雄安城市建设提供重要参考。

资料来源：https://www.gooood.cn/vanke-rainwater-neighborhood-china-by-ups.htm。

【课后习题】

1. 绿色基础设施有哪几类？

2. 源头控制措施有哪些？分别适用于什么情况？

3. 中途转输措施有哪些？分别有什么特点？

4. 什么是末端处理措施？包含哪几种类型？

5. 低影响开发设施的功能主要体现在哪些方面？

6. 低影响开发设施选用流程是怎样的？

7. 什么是被动式雨水收集措施？什么是主动式雨水收集系统？各有什么特点？

8. 如何进行水量估算及水平衡分析？

6　海绵城市项目开发的基本程序

📁 学习目标

知识目标	掌握海绵城市项目开发基本步骤； 明确海绵城市项目开发各个步骤的实施者； 理解海绵城市项目开发每个步骤的实施内容
能力目标	能够分辨海绵城市项目开发的各个步骤的实施者； 能够根据海绵城市项目确定各个步骤的实施内容； 具备理论联系实际、举一反三和将理论知识转化为实践的能力
素质目标	具备查阅资料，独立思考、解决问题的能力； 具备敢于创新、实事求是、团结协作的职业素养； 具备掌握"新技术、新规范、新工艺"的终身学习意识与能力

📁 教学导引

　　随着加快推进城乡建设绿色低碳发展，城市更新和乡村振兴都要落实绿色低碳要求，海绵城市项目也越来越多。那么海绵城市项目开发的具体步骤是什么呢？主要的参与者又有哪些呢？

海绵城市项目的成功实施需要地方雨洪管理部门及项目所有者或申请人的协作努力。项目实施的程序主要包含以下几个步骤：雨洪基础设施规划的准备、提交、审核、批准和后期雨洪基础设施的施工、检测、维护。海绵城市基础设施项目开发流程图如图6-1所示。

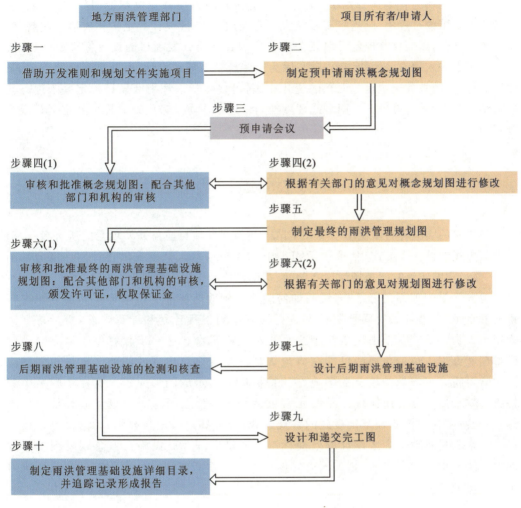

图6-1　海绵城市基础设施项目开发流程图

图6-1是总体流程图，对地方雨洪管理部门的运作流程和项目所有者或申请人进行说明。图中左侧列出了管理部门的活动或行为，右侧列出了项目所有者或申请人的活动和行为。需要注意的是，该流程图仅对新开发项目和再开发项目的标准合规性程序进行了说明。个别环节可能会涉及其他规划审核检测程序和优先政策，并可得到类似的结果。地方政府可以对该流程图中的个别环节进行修改，从而制定出地方雨洪基础设施项目规划和开发程序。

6.1 借助开发准则和规划文件实施项目

该步骤的实施者是地方雨洪管理部门，实施时间为项目开发初期、规划递交之前。在该步骤实施的过程中，应当将流域保护规定、场地和街区设计规定转化成地方法规、政策和规划文件，以便这些规定可以成为新开发项目和再开发项目的设计标准；可以将流域保护规定并入地方分区和细分准则，因为这些规定与场地设计、不透水表面的减少、敏感区的保护、植被和土壤覆盖面积的变化相关；可以将场地和街区设计规定并入地方分区和细分准则，或者是单独的雨水或环境准则。这一步骤是遵照地方许可规定运行雨洪项目的前提。

6.2 制定预申请雨洪概念规划图

该步骤的实施者为面积不小于 $0.4\ hm^2$ 的新开发项目或再开发项目的所有者/申请人及其委托的设计人员（包括那些面积小于 $0.4\ hm^2$ 且未开发或出售计划一部分的项目）。该步骤的实施时间是场地规划期间、基础设施和土地配置敲定之前。

地方雨洪管理部门可以"对说明如何能够达到效能标准的预申请概念规划图进行审核和批准"。在花费时间和资源准备更为复杂的工程计划和计算之前，概念规划图为申请人提供了将基础雨洪设计理念写在纸上的机会。这一步骤有助于地方雨洪管理部门和开发人员避免那些可能在概念规划图提交之后出现的问题。概念规划图应当包含对符合流域保护规定的场地设计特征进行显示的图形元素。这在步骤一中的地方开发准则部分有所体现。图形元素包括一些替代性概念场地设计或其他图形工具，并会对拟建雨洪管理基础设施的常规形式、位置和规模进行显示，而这些基础设施将被用来满足场地和街区设计的效能标准。雨洪管理基础设施在概念规划图中以气泡或斑块的形式展现出来，相关人员为设计出可以恰当体现设计容积的气泡或斑块付出了一定的努力。

概念规划图用于说明以下方面的叙述和计算元素：

① 地方雨洪管理部门许可的场地设计激励措施，意在减少目标处理量（例如再开发项目、高密度项目、垂直密度项目、混合使用项目和以交通为导向的开发项目）。

② 用以显示目标处理量（采取场地设计激励措施之后）的概念或初步确定雨洪最佳管理方式和分级。

③ 其他叙述元素，这些元素将有助于理解概念规划图是如何遵照地方雨洪管理部门许可规定而制订的。这一项在步骤一的地方开发准则部分中有所体现。

6.3　预申请会议

该步骤的实施者是地方雨洪管理部门、项目所有者/申请人及其委托的设计人员。该步骤实施的时间是在项目所有者/申请人准备步骤二中提出的概念规划图之后不久，如果场地设计和讨论有助于申请人准备概念规划图，那么在概念规划图完成之前预申请会议对于办公室或场地内会面商讨的对象来说可能更加有利。

会议旨在对场地合规性问题进行讨论，允许参与方展开建设性互动交流。希望参与方能够在会议上提出高质量的建议和快速的合规性计划。会议上讨论的场地设计问题可以减少目标处理量，实行场地设计激励措施和确定最为合适的场地雨洪管理基础设施。

6.4　审核和批准概念规划图

该步骤的实施者是地方雨洪管理部门。该步骤的实施时间是建议认可之后，概念规划图审核的规定时间内。

概念规划图的批准意味着有足够的信息能够证实最终的雨洪管理规划图（详见步骤五）可以达成目标。概念规划图审核人员将会对图形元素进行审核，以确保它们与具体项目设计的合规性电子表格、计算和其他叙述元素一致。

除此之外，此时还应完成其他几个重要的协调步骤：这项审核应当与道路和排水设施图、地籍测图、供水与排水系统、河漫滩、侵蚀防治与分级和地下水/水源保护等其他内部审核相配合。这是一次审查和解决内部冲突的机会，而这些冲突可能会限制某些措施（包括狭窄的街道、替代性场地布局、停车场材料等场地设计措施）的使用。

这项审核，还应当与外部审核相配合，特别是那些受制于湿地和溪流许可、其他排放许可、政府项目要求、大坝防洪安全许可、其他场地必须许可等政府审核的规划图。

6.5　根据有关部门的意见对概念规划图进行修改

该步骤的实施者是项目所有者/申请人和设计人员。该步骤的实施时间是获取意见之后，如果有修改意见，应从规划图审核人员那里获取。

设计人员根据审核人员的意见对概念规划图进行修改。此时的目标是确保有足够的信息可以保证得到一个完整、合规的最终雨洪管理规划图。概念规划阶段对工程细节和最终计算不予预期。

6.6 制定最终的雨洪管理规划图

该步骤的实施者是项目所有者/申请人及其委托的设计人员。该步骤的实施时间是概念规划图批准之后。

最终的雨洪管理规划图将以经过批准的概念规划图为框架进行设计。标准的规划图提交程序包由表6-1中列出的项目组成。应当注意的是，最终雨洪管理规划图时常与分级和排水、侵蚀防治、公共设施和道路规划等最终规划图相协调或结合。最终的雨洪管理规划图的实际内容由地方项目要求规定，表6-1中的项目为该规划图设计提供指导。

表6-1　　　　　　　　　推荐计算提交程序包内容

程序包名称	程序包内容
图形元素	周边区域示意图
	对基础设施的位置、规模、后开发排水区及雨水管渠和其他公共设施布局进行展示的平面图
	各项基础设施的剖面图，并提供关键部位的立面图，用以确保基础设施设计的合理性
	对与侵蚀和泥砂控制措施相协调的环节进行图形描绘（例如施工完成时，将变成永久性基础设施）
	标准详图和注意事项
	与雨洪设计、土壤调查、地质、坡度、表面覆盖和其他示意图密切相关
叙述和计算元素	封面：项目名称、委托方和计算特性
	项目设计合规性电子表格的副本或概要
	拟建基础设施的表格，表格中列出排水区目标处理量2.5 cm拦截量规定容量和规模
	开发前状况和开发后状况的流域划分，列出行程时间（集流时间）、土地使用情况和土壤状况
	雨洪管理系统叙述
	水文情况和水利情况总结
	列出排水区曲线数值、集流时间和洪峰流量（施工前和施工后）几项内容，并对拟建雨洪措施性能进行概述的表格

续表

程序包名称	程序包内容
叙述和计算元素	详细的水力计算（出水孔、量水堰、溢洪道等区域的水力计算）
	水文分析（例如曲线数值计算表格、措施规模公式和模型实际输出量）
	其他计算（例如进水渠规模、排水通道尺寸、下游分析、溃坝评估、滤膜规模尺寸、地下水丘分析和结构计算）
	场地照片（如适用）
	许可要求清单及项目的合规性（包括雨洪措施，溪流和湿地、河漫滩及缓冲区施工所需的许可，水资源保护许可，大坝防洪安全许可及其他相关许可）
	支持数据（如适用）
	土壤测坑和土样、渗透测试结果
	污染物监测数据
	地下水高程数据
	生境评估
	树种调查
	受到威胁和濒临灭绝的物种
	收纳水体分类
有关证明文件	维护协议
	各项基础设施（或基础设施类型）的维护计划
	提交费用（适用于地方项目）
	技术人员的认证声明
	其他许可证明文件（例如湿地、河漫滩）
	履约保证书（适用于地方项目）

6.7　审核和批准最终的雨洪管理基础设施规划图

该步骤的实施者是地方雨洪管理部门。该步骤的实施时间是建议认可之后，最终雨洪管理基础设施规划图审核的规定时间之内。

对规划图进行详尽的审核，用以证实规划图符合地方性法规的标准。审核人员应当对设计合规电子表格中提到的信息与规划图中所示的信息匹配与否进行核实。此时，规划图审核人员可以提出规划图批准需要处理的具体意见。最终批准需要与项目其他内部和外部审核相配合。部分项目还将贴出履约保证书作为最终批准的一项条件。

6.8　根据有关部门的意见对规划图进行修改

该步骤的实施者是项目所有者/申请人及其委托的设计人员。该步骤实施的时间是从规划图审核人员那里获取意见之后。设计人员需要根据审核人员的意见，对规划图进行修改。这一步骤是步骤六（1）中的迭代步骤。

6.9　设计后期雨洪管理基础设施

该步骤的实施者是项目所有者/申请人及其委托的场地承建商。该步骤的实施时间是雨洪管理规划图得到最终批准、贴出履约保证书（如地方项目要求）、获得必要的许可和批准、根据规划图所示合理施工或根据基础设施安装顺序进行安装之后。应当按照特定的施工顺序进行设计，带有过滤介质的基础设施会向下层土壤渗透积水，承建商应当在分摊排水区达到特定的稳固水平之后立即对那些易受施工泥砂损害的基础设施进行安装。最终的雨洪管理规划图应当与分级、排水、侵蚀和泥砂控制计划相协调，以确保按照正确顺序对永久性雨洪管理基础设施进行安装。通常情况下，能够在确保根据规划图构筑后期基础设施的环节中发挥作用，对设计人员来说是很有帮助的。

6.10　后期雨洪管理基础设施的检测和核查

该步骤的实施者是地方雨洪管理部门，应当在安装期间的决定性阶段对后期雨洪管理基础设施进行检测，最终检测将用来核查是否根据规划图或经过批准的场地变化，对基础设施进行安装。

由于安装不当和施工问题，很多基础设施无法发挥预期的运行效果。检测频率取决于基础设施的类型，配以多种材料、层面、路基施工和多步骤施工顺序的基础设施通常需要多次临时检测，后期基础设施安装期间，检测人员最重要的任务是确保排水区足够稳固，以对后期雨洪管理基础设施进行安装。例如，生物滞留土壤介质的过早安装是基础设施无法发挥预期运行效果的主要原因之一。

6.11　设计和递交完工图

该步骤的实施者是项目所有者/申请人及其委托的场地承建商和设计人员。该步骤实施的时间是检测人员签字之后。部分地方许可要求"在项目完工后 90 d 内"递交"完工证明"。

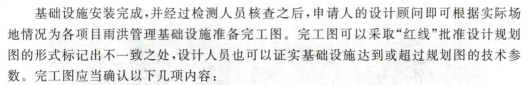

基础设施安装完成,并经过检测人员核查之后,申请人的设计顾问即可根据实际场地情况为各项目雨洪管理基础设施准备完工图。完工图可以采取"红线"批准设计规划图的形式标记出不一致之处,设计人员也可以证实基础设施达到或超过规划图的技术参数。完工图应当确认以下几项内容:

① 在地役权之内对基础设施进行布置;
② 使用合适的尺寸、规模和材料;
③ 进水口、出水口、阶梯竖板、路堤等部位的立面图;
④ 每个种植计划上的植被或任何经过批准的替代物;
⑤ 永久性维修通道的位置。

6.12　制定雨洪管理基础设施的详细目录,并追踪记录形成报告

该步骤的实施者是地方雨洪管理部门。该步骤是不间断地进行基础设施维护、追踪和程序报告的一部分。

后期雨洪管理基础设施的正确安装只是其寿命周期的开始,需要进行长期维护和运行,以确保基础设施可以持续运转。表 6-2 对城市独立雨水排放系统一般许可中提到的上述内容进行了概括。设计人员可以借鉴该表。

表 6-2　城市独立雨水排放系统的目录、追踪和报告内容

主题	内容
维护协议	对项目所有者/操作者递交维护协议、维护计划和包括维护责任转让在内的恰当证明文件进行详细说明
管理措施的详细目录,进而追踪	创建一个详细目录和追踪系统(例如,在规划图审核阶段开始使用地理信息系统——GIS。系统将一直沿用到长期维护阶段)。对追踪系统的最小限度内容进行详细说明。追踪包括"源头控制管理措施"以及结构性或非结构性"处理控制措施"
雨洪管理基础设施检测	创建一个长期维护检测和实施程序,包括一个检测日程表(许可周期期间,所有基础设施均应进行至少一次检测)、检测报告的内容,以及一个实施和应急预案
报告	将被收入城市独立雨水排水系统年度报告中的基本信息概要

【综合案例】

浙江省象山县海绵城市建设

浙江省象山县以海绵城市试点建设为契机,按照"源头削减、过程控制、末端治理"的思路,有机结合棚户区改造、小城镇环境综合整治等惠民工程,有效衔接地下空间开发利用、人防工程等专项规划,加快大目湾示范区"内湾开挖工程"(图 6-2)等 6 个海绵城市试点项目建设。

图 6-2　象山县大目湾内湾中心区块景观

全域布局谋划"新路径"，科学谋划是关键。海绵城市，是新一代城市雨洪管理概念。象山县海绵城市建设规划中，强调优先利用植草沟、渗水砖、雨水花园、下沉式绿地等"绿色"措施来组织排水，以"慢排缓释"和"源头分散"控制为主要规划设计理念，既避免了洪涝，又有效收集了雨水。

在借鉴各地先进经验的基础上，象山县结合本地水环境、水生态、水安全、水资源等实际问题，编制完成《象山县中心城区海绵城市专项规划（2017—2030）》，科学制定海绵城市建设系统化方案，全域化布局。同时，将海绵城市建设作为城市规划许可和项目建设前置条件，纳入土地出让、规划审批等相关制度规范，将年径流总量控制率等刚性指标落实到土地出让规划条件及"两证一书"中，整体把控海绵城市建设。根据规划，至2030年，象山县城市建成区80％以上区域达到海绵城市建设要求。

早在2017年，象山县就成立了创建海绵城市建设试点工作领导小组，设立办公室负责统筹协调、技术指导、监督考核等工作。县住建局牵头各相关单位，以城市总体规划为指导，以"生态优先、规划引领、因地制宜、分类实施"为原则，有效衔接地下空间开发利用、人防工程、市政道路、市政管线、城市排水防涝等专项规划。

根据《象山县海绵城市建设实施细则》，各级部门明确职责分工，加强项目前期一体化审批，凝聚县住建局、县发改局、县财政局、县自然资源和规划局、大目湾管委会等职能部门合力，严格按照海绵城市建设要求对工程项目进行审核。同时，组建本土人才队伍，定期召开海绵城市建设协调会、工作例会，邀请业内专家对规划、设计、建设、施工、监理单位进行技术指导和促进理念更新。将海绵城市建设纳入县级部门目标管理考核中，利用市县主流媒体、微信公众号等做好宣传推广工作，形成共建共管的良好氛围。严格规范项目方案设计，把控方案审查与施工图审查的时效和质量，加强方案审查咨询团队管理，强化方案审查技术指标落实，结合市海绵城市施工图审查要点，会同施工图审图机构，加强对海绵城市施工图审查质量管控。

　　结合"五水共治""污水零直排"等专项行动,象山县将海绵城市建设理念全面融入棚户区改造、美丽街区建设、城市有机更新等惠民工程,截至 2019 年 6 月新建管网 29.23 km,新建管网截流约 1.5 万吨,改造问题排口 116 个,完成 3 个区块污水零直排建设,切实解决管网老化、雨污合流、排水不畅等问题,实现"小雨不积水、大雨不内涝、水体不黑臭、热岛有缓解"目标。

资料来源:《今日象山》2019 年 6 月 21 日版。

【课后习题】

1. 简述海绵城市基础设施项目开发流程。
2. 各地方雨洪管理部门如何制定海绵城市概念规划?
3. 海绵城市雨洪管理推荐计算提交程序有哪些内容?
4. 海绵城市完工图应包含哪些内容?

7　海绵城市发展趋势

📁 学习目标

知识目标	了解海绵城市建设的相关政策； 理解海绵城市的发展模式
能力目标	能够分析政策，理解政策的指引方向； 能够在项目中运用发展模式； 具备理论联系实际、举一反三和将理论知识转化为实践的能力
素质目标	具备查阅资料，独立思考、解决问题的能力； 具备敢于创新、实事求是、团结协作的职业素养； 具备掌握"新技术、新规范、新工艺"的终身学习意识与能力

📁 教学导引

　　《国务院办公厅关于推进海绵城市建设的指导意见》(国办发〔2015〕75号)、《财政部办公厅 住房城乡建设部办公厅 水利部办公厅关于开展系统化全域推进海绵城市建设示范工作的通知》(财办建〔2021〕35号)等文件的实施，对海绵城市发展具有推动作用。在进行海绵城市建设的过程中，针对我们要如何发展，朝什么方向发展等问题，国家的政策文件给我们指引了方向。

海绵城市是一种先进的雨水管理理念,由于其具有缓解城市内涝、为经济下行提供支撑和改善民生的重大意义,海绵城市今后如何建设与发展得到了社会的广泛关注。

7.1 政策方面

7.1.1 相关政策高密度颁布,"四位一体"打造项目实施平台

自 2013 年 12 月,习近平总书记在中央城镇化工作会议上首次提出"海绵城市"之后,这一概念迅速进入人们的视野,并在政府、媒体和大众中持续发酵。与此同时,与海绵城市实施相关的政策高密度发布。随着一系列"实质性"政策出台,以及第一批 16 个、第二批 14 个海绵城市建设试点名单公布,海绵城市概念已经完成"从抽象到具体"的演进过程。相关政策已经从"顶层方针""标准指南""财政支持""地方政策"四个方面,为海绵城市项目实施打造了切实可行的平台和渠道。

① 顶层方针为纲领:国家最高领导人在高等级会议中多次强调海绵城市建设的重要意义。2015 年 7 月,国务院办公厅出台《国务院办公厅关于推进海绵城市建设的指导意见》(国办发〔2015〕75 号)。顶层方针持续为各方参与者输出信心。

② 标准指南作指导:住房和城乡建设部于 2014 年 10 月发布的《海绵城市建设技术指南——低影响开发雨水系统构建(试行)》,2015 年 7 月发布的《海绵城市建设绩效评价与考核办法(试行)》,为海绵城市建设给出了具体实施细节和建议,为项目快速、准确落实提供保障。

③ 金融政策提供资金支持:2015 年 1 月财政部、环保部、住房和城乡建设部发布通知,中央财政将对海绵城市试点城市给予专项资金补助,直辖市每年 6 亿元,省会每年 5 亿元,其他城市每年 4 亿元,采用 PPP 模式达到一定比例,按补助基数奖励 10%;2015 年 2 月,2016 年 4 月,分两批进行评选,最终 30 个城市获得试点资格。国家开发银行、中国农业发展银行分别于 2015 年 12 月和 2016 年 1 月与住房和城乡建设部联合发布通知,宣布对海绵城市建设项目提供金融性支持。

④ 地方政策出台,加速打通全局:目前已有安徽、上海、甘肃等 15 省(市)发布了海绵城市建设相关指导或实施意见;部分省级政府和地级市政府为海绵城市项目建设提供专项财政补贴;与此同时,省级海绵城市试点已经在部分省份展开。

7.1.2 试点城市项目陆续落地开花,落实速度超出预期

第一批 16 个试点城市已经全部公布了海绵城市建设项目实施规划,三年实施计划试点区域总面积为 435 km²,预计设置建筑与小区、道路与广场、园林绿地、地下管网、水系整治等各类项目 3159 个,总投资 865 亿元,每平方公里平均投资约 2 亿元,这一数字高于之前住房和城乡建设部 1 亿~1.5 亿元的估算。第一批试点城市的项目开工率已达 19%,完成计划投资的 21%。根据 2023 年 4 月财政部办公厅、住房城乡建设部办公厅、

水利部办公厅印发的《关于开展"十四五"第三批系统化全域推进海绵城市建设示范工作的通知》（财办建〔2023〕28号），第三批海绵城市建设示范城市总数15个，中央财政按区域对示范城市给予定额补助。其中，地级及以上城市：东部地区每个城市补助总额9亿元，中部地区每个城市补助总额10亿元，西部地区每个城市补助总额11亿元。县级市：东部地区每个城市补助总额7亿元，中部地区每个城市补助总额8亿元，西部地区每个城市补助总额9亿元。中央补助资金主要支持城市建成区范围内的与海绵城市建设直接相关的各类项目建设，具体内容包括：① 海绵城市建设相关的排水防涝设施、雨水调蓄设施、城市内部蓄滞洪空间、城市绿地、湿地、透水性道路广场等项目。② 海绵城市建设涉及的城市内河（湖）治理、沟渠等雨洪行泄通道建设改造以及雨污水管网排查、监测设施建设等。③ 居住社区、老旧小区改造和完整社区建设中落实海绵城市建设理念的绿地建设、排水管网建设项目等。

海绵城市建设是综合性很强的系统工程，整个项目实施过程涵盖了从宏观规划到中观设计，再到微观实施，以及后期维护运营等诸多阶段，同时涉及若干专业，包括规划、设计、设备、园林、水利、施工、监理、运维等。中央政府提出在项目实施过程中要秉承"体现连片效应，避免碎片化"的精神，整体考虑、整体规划，以达到降低平均成本、节约资源、提高项目质量的目的。10亿元以上级别的大型综合项目将成为海绵城市建设的主流方式，强大的资源整合能力是参与海绵城市项目竞争的必要条件。

7.2　发 展 模 式

由于海绵城市项目具有较强的基础设施建设属性，这类项目通常可以采用 BT 和 PPP 两种运作模式来实施。BT（build-transfer）即建设-移交模式，要求项目承包方在工程建设期内自行负责项目投资、融资和建设，工程竣工后按合同约定将工程转移交付给政府并获得报酬支付。BT 项目运作过程相对简单，在政府资金充裕、支付能力有保障时往往采用这种方式。但是，在目前政府债务压力较大，许多地区财政资金入不敷出的大背景下，以社会资本投资为主、政府与社会资本共担风险的 PPP 模式被推上历史舞台。PPP（public-private-partnership）模式指的是政府与社会资本为提供公共产品和服务而建立的公私合作模式，适用于规模较大、需求较稳定、长期合作关系清晰的项目，比如医院、供水、供电、环保工程和路桥建设等。近年来，PPP 项目凭借自身优势获得了政府青睐，相关政策密集出台，自上而下积极推进。PPP 模式将成为今后海绵城市建设项目的主要模式。

根据计算，在已经公布的海绵城市规划方案中，平均每平方公里规划投资约为2亿元，高于住房和城乡建设部估算的1亿～1.5亿元投资；各市海绵城市建设三年预计总投资平均值为66.4亿元。虽然试点城市可获得12亿～18亿元的中央财政补贴，但仍存有较大资金缺口，剩余部分资金来源成为海绵城市建设项目能否顺利落地推进的关键。

《关于开展中央财政支持海绵城市建设试点工作的通知》（财建〔2014〕838号）指出"中央财政对海绵城市建设试点给予专项资金补助，对采用 PPP 模式达到一定比例的，将按补助基数奖励 10%";《国务院办公厅关于推进海绵城市建设的指导意见》(国办发〔2015〕75 号)强调"创新建设运营机制,建立政府与社会资本风险分担、收益共享的合作机制,采取明晰经营性收益权、政府购买服务、财政补贴等多种形式,鼓励社会资本参与海绵城市投资建设和运营管理"。

在当前时代背景下,采用 PPP 模式进行海绵城市项目建设具有以下优势。

① 政府方:缓解财政压力,借助 PPP 模式可以用较少的启动资金完成大规模项目建设;作为 SPV 公司股东,可以在项目全周期内把控项目质量;招标过程中更注重供应商综合实力,避免 BT 模式中供应商追求低价中标,施工过程中偷工减料降低工程质量的问题。

② 社会资本方:作为 SPV 公司股东,项目建设期可以获得更稳定的项目建设款项支付,避免了 BT 模式中常见的工程款项拖欠问题;PPP 项目体量比较大,参与大型项目可大幅度增加公司营业收入,加速公司业绩成长,提高公司管理水平。

③ 金融机构:好的 PPP 项目可以为其带来稳定收益。

由于部分海绵城市项目具有外部性特征,社会资本方对项目收益落实存有疑虑,担心出现政府违约或无法兑现收益承诺等问题,这给海绵城市 PPP 项目推进带来一定阻力。因此,盈利模式确认成为解决问题的关键一环。在 PPP 项目过程中,若将项目验收视为分水岭,整个项目可分为建设和运营两个阶段。建设阶段项目运行脉络清晰,只要控制好融资成本,社会资本方就可以获得稳定收益;但运营阶段却始终存在谁来付费和怎样付费的问题。

根据财政部《关于印发政府和社会资本合作模式操作指南(试行)的通知》(财金〔2014〕113 号),PPP 项目付费方式分为以下三种。

① 使用者付费:由最终消费用户直接付费购买公共产品和服务,适用于污水处理厂等在未来较长时间内有稳定收益的项目。

② 政府付费:政府直接付费购买公共产品和服务,适用于景观改造、河道清理等纯外部性特征明显,没有或者很难取得稳定收益的项目。

③ 可行性缺口补助:使用者付费不足以满足社会资本或项目公司成本回收和合理回报,而由政府以财政补贴、股本投入、优惠贷款和其他优惠政策的形式,给予社会资本或项目公司的经济补助。

使用者付费项目,由于其收益稳定,对社会资本方来说,是最理想的优质 PPP 项目;而对于公益性较强的政府付费项目,社会资本方往往会由于担心出现政府支付违约等问题而存有顾虑,这也是目前 PPP 项目推行的最大障碍。

结合国外历史经验以及我国相关政策,这一问题的解决将遵循以下路径。

① 短期:政府方需要加强对 PPP 项目的入库审核,杜绝不具备支付能力的"假 PPP"项目,以提升政府信用声誉和社会资本方信心。

② 中期:采用将使用者付费项目与政府付费项目打包招标,或者通过审议将政府付费纳入财政预算等方式,保障项目落地。

③ 长期:从顶层设计层面出台相应法律,约束双方权利和义务,最终目的是建立政府方和社会资本方的互信合作关系;借鉴国外经验,通过征收"雨水税"等方式将外部性问题内部化。

【延伸阅读】

关于开展"十四五"第三批系统化全域推进海绵城市建设示范工作的通知

财办建〔2023〕28 号

各省、自治区财政厅、住房和城乡建设厅、水利（务）厅，新疆生产建设兵团财政局、住房和城乡建设局、水利局：

为贯彻习近平总书记关于海绵城市建设的重要指示批示精神，落实《中华人民共和国国民经济和社会发展第十四个五年规划和二〇三五年远景目标》关于建设海绵城市的要求，2023 年，财政部、住房城乡建设部、水利部将组织第三批海绵城市建设示范竞争性选拔工作。现将有关事项通知如下：

一、工作目标和原则

"十四五"期间，财政部、住房城乡建设部、水利部通过竞争性选拔，确定部分基础条件好、积极性高、特色突出的城市分批开展典型示范，系统化全域推进海绵城市建设，力争具备建设条件的省份实现全覆盖，中央财政对示范城市给予定额补助。示范城市应充分运用国家海绵城市试点工作经验和成果，制定全域开展海绵城市建设工作方案，重点聚焦解决城市防洪排涝的难题，建立与系统化全域推进海绵城市建设相适应的长效机制，统筹使用中央和地方资金，完善法规制度、规划标准、投融资机制和相关配套政策，全域系统化建设海绵城市。力争通过 3 年集中建设，示范城市防洪排涝能力明显提升，海绵城市理念得到全面、有效落实，为建设宜居、韧性、智慧城市创造条件，推动全国海绵城市建设迈上新台阶。

第三批海绵城市建设示范城市总数 15 个，通过竞争性选拔方式确定。评选时，将综合考虑城市已有海绵城市建设工作基础、工作方案成熟度等因素，并适当向经济基础好、配套能力强、城市洪涝治理任务重、投资拉动效益明显的省份倾斜。

二、示范城市申报条件

示范城市申报条件如下：

（一）未有城市入选"十四五"前两批海绵城市建设示范的省（自治区、兵团）可推荐 1 个城市参评。

（二）"十四五"前两批海绵城市建设示范 2022 年度绩效评价均为良好及以上（绩效评价结果为"A""B"等级）的省（自治区）可推荐 1 个城市参评。

（三）申报城市应具备相应基础条件，其中：城市多年平均降雨量不低于 400 毫米；财力应满足海绵城市建设投入需要，城市地方政府债务风险低，不得因开展海绵城市建设形成新的政府隐性债务。

（四）已获得中央财政海绵城市建设试点和示范资金支持的城市不得再次申报；"十四五"以来在城市建设领域出现重大生产安全事故的城市不得申报。

三、选拔程序

（一）省级推荐。

省级财政、住房和城乡建设、水利部门对照通知要求，组织本地区城市参照附件 2 编制实施方案、提供必要的支撑材料,明确推荐的城市名单,按照附件1填写有关情况,并于2023年5月15日前报财政部、住房城乡建设部、水利部。

(二)评审。

住房城乡建设部、财政部、水利部组织专家对城市申报方案进行书面评审后,符合条件的城市进入竞争性评审环节,根据专家打分结果,确定入围城市名单,并现场公布。

(三)公示。

入围城市经过公示,无异议的确定为示范城市。存在异议并经查实的,取消资格并按竞争性评审结果依次递补。

四、中央补助资金支持标准和支持范围

中央财政按区域对示范城市给予定额补助。其中:地级及以上城市:东部地区每个城市补助总额9亿元,中部地区每个城市补助总额10亿元,西部地区每个城市补助总额11亿元。县级市:东部地区每个城市补助总额7亿元,中部地区每个城市补助总额8亿元,西部地区每个城市补助总额9亿元。补助资金根据工作推进情况分年拨付到位。

示范城市统筹使用中央和地方资金系统化全域推进海绵城市建设。其中:新区以目标为导向,统筹规划、强化管理,通过规划建设管控制度建设,将海绵城市理念落实到城市规划建设管理全过程;老区以问题为导向,统筹推进城市防洪排涝设施建设,采用"渗、滞、蓄、净、用、排"等措施,增强城市防洪排涝能力,"干一片、成一片"。示范工作坚持简约适用、因地制宜的原则,严禁出现"调水造景"、"大树进城"等不环保、不节约的情况。

中央补助资金主要支持城市建成区范围内的与海绵城市建设直接相关的各类项目建设,具体内容包括:

1.海绵城市建设相关的排水防涝设施、雨水调蓄设施、城市内部蓄滞洪空间、城市绿地、湿地、透水性道路广场等项目。

2.海绵城市建设涉及的城市内河(湖)治理、沟渠等雨洪行泄通道建设改造以及雨污水管网排查、监测设施建设等。

3.居住社区、老旧小区改造和完整社区建设中落实海绵城市建设理念的绿地建设、排水管网建设项目等。

中央财政资金不得用于规划编制、方案制定、人员经费、日常运维等方面支出。

五、日常跟踪、监督检查及绩效管理

省级住房和城乡建设、水利、财政部门应建立对示范城市的日常跟踪及监督检查机制,及时将示范城市的任务落实、项目实施进度、存在问题及经验做法等报住房城乡建设部、水利部、财政部(每个示范城市每季度不少于1期)。其中,住房和城乡建设、水利部门重点检查任务完成情况,财政部门重点检查财政资金使用合规情况。住房城乡建设部、水利部、财政部将在汇总地方上报情况的基础上,对示范城市开展抽查,日常监督检查情况将作为年度绩效评价的参考。

各地在申报材料中应明确地方海绵城市建设3年总体绩效目标以及分年度绩效目标。经竞争性选拔、公示后确定入围的城市,应由城市人民政府对3年总体绩效目标以及分年度绩效目标表盖章后报三部门备案。财政部会同住房城乡建设部、水利部按照预算管理有关要求开展绩效评价。绩效评价结果将与中央财政资金拨付挂钩。

六、其他说明事项

（一）参与申报的各省级财政、住房和城乡建设、水利部门应联合行文上报三部门，并组织申报城市通过财政部、住房城乡建设部、水利部邮箱报送电子版（含佐证材料），或通过光盘等移动存储方式邮寄。

（二）为落实过紧日子要求，各申报城市应紧扣要求编制工作方案，避免委托中介机构"编本子、讲故事"，印制豪华材料等情况，切实减少申报工作相关支出。申报材料除正式文件外，实施方案及相关支撑材料一律报送电子版。

（三）请各地严格按照通知明确的数量和要求推进城市报送材料等，并对报送内容真实性负责。对不按要求报送或申报内容明显不实的城市，将取消当年申报资格。

附件1：示范城市申报条件情况表（略）

附件2：系统化全域推进海绵城市建设示范城市实施方案编制大纲（略）

【课后习题】

1.什么是BP模式？

2.什么是PPP模式？

3.结合我国相关政策简述解决PPP模式推行问题的主要路径。

8 海绵城市建设绩效评价与考核

 **学习目标**

知识目标	掌握海绵城市建设绩效评价机制； 掌握海绵城市建设考核机制； 熟悉海绵城市建设的相关政策
能力目标	熟悉海绵城市建设的各项绩效评价指标； 能通过建设绩效评价与考核各项指标，提出有效的建设方案； 具备将理论知识转化为实践的能力
素质目标	具备查阅资料，独立思考、解决问题的能力； 遵守各项规范标准，做事严谨，一丝不苟，培养大国工匠精神； 具备掌握"新技术、新规范、新工艺"的终身学习意识与能力

教学导引

　　海绵城市建设是落实生态文明建设的重要举措，是实现修复城市水生态、改善城市水环境、提高城市水安全等多重目标的有效手段。为科学、全面评价海绵城市建设成效，依据《海绵城市建设技术指南——低影响开发雨水系统构建（试行）》，住房和城乡建设部于 2015 年 7 月出台《海绵城市建设绩效评价与考核办法（试行）》。

8.1　评价与考核阶段

海绵城市建设绩效评价与考核采取实地考察、查阅资料及监测数据分析相结合的方式，分城市自查、省级评价、部级抽查三个阶段进行。

（1）城市自查

海绵城市建设过程中，各城市应做好降雨及排水过程监测资料、相关说明材料和佐证材料的整理、汇总和归档，按照海绵城市建设绩效评价与考核指标做好自评，配合做好省级评价与部级抽查。

（2）省级评价

省级住房和城乡建设主管部门定期组织对本省内实施海绵城市建设的城市进行绩效评价与考核，可委托第三方依据海绵城市建设评价考核指标及方法进行。绩效评价与考核结束后，将结果报送中华人民共和国住房和城乡建设部。

（3）部级抽查

中华人民共和国住房和城乡建设部根据各省上报的绩效评价与考核情况，对部分城市进行抽查。

8.2　评价与考核指标

海绵城市建设绩效评价与考核指标分为水生态、水环境、水资源、水安全、制度建设及执行情况、显示度六个方面，包括 6 大类别计 18 项指标，具体见表 8-1。

表 8-1　　　　　　　　　　海绵城市建设绩效评价与考核指标

一、水生态（4 项指标）

指标	要求	方法	性质
年径流总量控制率	当地降雨形成的径流总量，达到《海绵城市建设技术指南——低影响开发雨水系统构建（试行）》规定的年径流总量控制要求。在低于年径流总量控制率所对应的降雨量时，海绵城市建设区域不得出现雨水外排现象	根据实际情况，在地块雨水排放口、关键管网节点安装观测计量装置及雨量监测装置，连续（不少于 1 年、监测频率不低于 15min/次）进行监测；结合气象部门提供的降雨数据、相关设计图纸、现场勘测情况、设施规模及衔接关系等进行分析，必要时通过模型模拟分析计算	定量（约束性）
生态岸线恢复	在不影响防洪安全的前提下，对城市河湖水系岸线、加装盖板的天然河渠等进行生态修复，达到蓝线控制要求，恢复其生态功能	查看相关设计图纸、规划，现场检查等	定量（约束性）

一、水生态(4 项指标)

指标	要求	方法	性质
地下水位	年均地下水潜水位保持稳定,或下降趋势得到明显遏制,平均降幅低于历史同期。 年均降雨量超过 1000 mm 的地区不评价此项指标	查看地下水潜水水位监测数据	定量(约束性,分类指导)
城市 热岛效应	热岛强度得到缓解。海绵城市建设区域夏季(按 6—9 月)日平均气温不高于同期其他区域的日均气温,或与同区域历史同期(扣除自然气温变化影响)相比呈现下降趋势	查阅气象资料,可通过红外遥感监测评价	定量(鼓励性)

二、水环境(2 项指标)

指标	要求	方法	性质
水环境质量	不得出现黑臭现象。海绵城市建设区域内的河湖水系水质不低于《地表水环境质量标准》(GB 3838—2002)Ⅴ 类标准,且优于海绵城市建设前的水质。当城市内河水系存在上游来水时,下游断面主要指标不得低于来水指标	委托具有计量认证资质的检测机构开展水质检测	定量(约束性)
	地下水监测点位水质不低于《地下水质量标准》(GB/T 14848—2017)Ⅲ 类标准,或不劣于海绵城市建设前	委托具有计量认证资质的检测机构开展水质检测	定量(鼓励性)
城市面源污染控制	雨水径流污染、合流制管渠溢流污染得到有效控制。① 雨水管网不得有污水直接排入水体;② 非降雨时段,合流制管渠不得有污水直排水体;③ 雨水直排或合流制管渠溢流进入城市内河水系的,应经过生态治理后入河,确保海绵城市建设区域内的河湖水系水质不低于《地表水环境质量标准》(GB 3838—2002)Ⅳ 类标准	查看管网排放口,辅助以必要的流量监测手段,并委托具有计量认证资质的检测机构开展水质检测	定量(约束性)

三、水资源（3 项指标）

指标	要求	方法	性质
污水再生利用率	人均水资源量低于 500 m³ 和城区内水体水环境质量低于《地表水环境质量标准》（GB 3838—2002）Ⅳ类标准的城市，污水再生利用率不低于 20%。再生水包括污水经处理后，通过管道及输配设施、水车等输送，用于市政杂用、工业农业、园林绿地灌溉等的水，以及经过人工湿地、生态处理等方式，主要指标达到或优于Ⅳ类标准的污水厂尾水	统计污水处理厂（再生水厂、中水站等）的污水再生利用量和污水处理量	定量（约束性，分类指导）
雨水资源利用率	雨水收集并用于道路浇洒、园林绿地灌溉、市政杂用、工农业生产、冷却等的雨水总量（按年计算，不包括汇入景观、水体的雨水量和自然渗透的雨水量），与年均降雨量（折算成毫米数）的比值；或雨水利用量替代的自来水比例等，达到各地根据实际确定的目标	查看相应计量装置、计量统计数据和计算报告等	定量（约束性，分类指导）
管网漏损控制	供水管网漏损率不高于 12%	查看相关统计数据	定量（鼓励性）

四、水安全（2 项指标）

指标	要求	方法	性质
城市暴雨内涝灾害防治	历史积水点彻底消除或明显减少，或者在同等降雨条件下积水程度显著减轻。城市内涝得到有效防范，达到《室外排水设计标准》（GB 50014—2021）规定的标准	查看降雨记录、监测记录等，必要时通过模型辅助判断	定量（约束性）

四、水安全（2 项指标）

指标	要求	方法	性质
饮用水安全	饮用水水源地水质达到国家标准要求：以地表水为水源的，一级保护区水质达到《地表水环境质量标准》（GB 3038—2002）Ⅱ类标准和饮用水源补充、特定项目的要求，二级保护区水质达到《地表水环境质量标准》（GB 3038—2002）Ⅲ类标准和饮用水源补充、特定项目的要求。以地下水为水源的，水质达到《地下水质量标准》（GB/T 14848—2017）Ⅲ类标准的要求。自来水厂出厂水、管网水和龙头水达到《生活饮用水卫生标准》（GB 5749—2022）的要求	查看水源地水质检测报告和自来水厂出厂水、管网水、龙头水水质检测报告。检测报告须由有资质的检测单位出具	定量（鼓励性）

五、制度建设及执行情况（6 项指标）

指标	要求	方法	性质
规划建设管控制度	建立海绵城市建设的规划（土地出让、"两证一书"）、建设（施工图审查、竣工验收等）方面的管理制度和机制	查看出台的城市控制性详细规划、相关法规、政策文件等	定性（约束性）
蓝线、绿线划定与保护	在城市规划中划定蓝线、绿线并制定相应管理规定	查看当地相关城市规划及出台的法规、政策文件	定性（约束性）
技术规范与标准建设	制定较为健全、规范的技术文件，能够保障当地海绵城市建设的顺利实施	查看地方出台的海绵城市工程技术、设计施工相关标准、技术规范、图集、导则、指南等	定性（约束性）
投融资机制建设	制定海绵城市建设投融资、PPP 管理方面的制度机制	查看出台的政策文件等	定性（约束性）
绩效考核与奖励机制	对于吸引社会资本参与的海绵城市建设项目，须建立按效果付费的绩效考评机制，与海绵城市建设成效相关的奖励机制等；对于政府投资建设、运行、维护的海绵城市建设项目，须建立与海绵城市建设成效相关的责任落实与考核机制等	查看出台的政策文件等	定性（约束性）

五、制度建设及执行情况（6项指标）

指标	要求	方法	性质
产业化	制定促进相关企业发展的优惠政策等	查看出台的政策文件、研发与产业基地建设等情况	定性（鼓励性）

六、显示度（1项指标）

指标	要求	方法	性质
连片示范效应	60％以上的海绵城市建设区域达到海绵城市建设要求，形成整体效应	查看规划设计文件、相关工程的竣工验收资料；现场查看	定性（约束性）

8.3　建设评价标准

2018年12月，住房和城乡建设部批准《海绵城市建设评价标准》（GB/T 51345—2018）（以下简称"本标准"）为国家标准，自2019年8月1日起实施。本标准适用于海绵城市建设效果的评价。本标准的主要技术包括总则、术语和符号、基本规定、评价内容和评价方法。下面就评价内容及评价方法进行重点说明。

8.3.1　评价内容

海绵城市建设效果应从项目建设与实施的有效性、能否实现海绵效应等方面进行评价，具体评价内容及指标涉及年径流总量控制率及径流体积控制、源头减排项目实施有效性、路面积水控制与内涝防治、城市水体环境质量、自然生态格局管控与水体生态性岸线保护、地下水埋深变化趋势、城市热岛效应缓解等7个方面。

本标准还规定：海绵城市建设评价内容与要求中的年径流总量控制率及径流体积控制、源头减排项目实施有效性、路面积水控制与内涝防治、城市水体环境质量、自然生态格局管控与水体生态性岸线保护应为考核内容，地下水埋深变化趋势、城市热岛效应缓解应为考查内容。

8.3.2　评价方法

本标准给出了关于年径流总量控制率及径流体积控制、源头减排项目实施有效性、路面积水控制与内涝防治、城市水体环境质量、自然生态格局管控与水体生态性岸线保护等5个方面内容的具体评价方法。

【综合案例】

宁夏固原海绵城市绩效考核评价

宁夏固原在海绵城市试点建设过程中,实现试点建设综合性目标:修复城市水环境、保障城市水安全、提高城市水资源承载能力和改善城市水生态。固原市中心城区海绵城市近期建设项目,包括低影响开发雨水系统、供排水设施、防涝设施、生态水系等四大类。低影响开发雨水系统主要包括海绵型建筑与小区、海绵型道路、海绵型广场、生态停车场和海绵型公园与绿地。供排水设施项目主要包括供水管道、雨水管道、污水管道、第二污水厂工程、第二污水资源化工程、六盘山污水厂提标改造工程、集中式雨水收集利用设施。防涝设施项目主要包括涝水行泄通道、绿地调蓄和立交排水泵站。生态水系项目主要包括清水河岸线生态改造、河道清淤、初雨调蓄池、初雨净化湿地和补水工程。

根据《固原市海绵城市系统化方案》和《固原市海绵城市专项规划》,并参考固原市海绵城市建设指标体系和《海绵城市建设绩效评价与考核办法(试行)》构建出固原海绵城市效益评价指标体系,将固原海绵城市效益量化并进行货币化计算,并对其综合效益进行计算。

固原海绵城市建设分为前期和后期两部分,两部分对应的海绵城市达标面积和年径流总量控制率目标分别为:前期 2020 年,36 km²,85%;后期 2030 年,45 km²,85%。海绵示范区主要有 4 个主要的建设区域:西南片区、老城区、饮马河片区、清水河,如图 8-1 所示。对于建设区域中的新城区,由于其建设的限制条件较少,因此应该重点考虑年径流总量的控制,以达到理想的海绵城市建设目标。而对于老城区,由于其存在待拆区域、管网设施老化且可改造地域较少,因此在考虑经济成本的情况下优先建设其中改造需要较急迫和改造限制较少的区域,以合理利用资金提高海绵城市的建设效率。

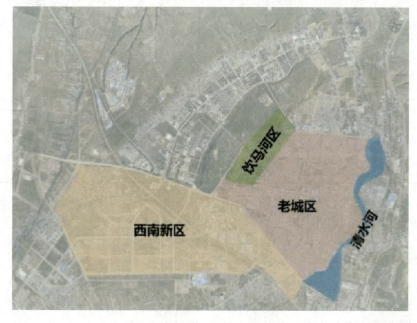

图 8-1　固原海绵城市示范区域图

根据上述固原海绵城市建设指标，并结合住房和城乡建设部发布的《海绵城市建设绩效评价与考核办法（试行）》综合考虑，构建出固原海绵城市效益评价指标体系，如表 8-2 所示。

表 8-2　　　　　　　固原海绵城市效益评价指标体系

目标	序号	指标	现状（2018年）值	2020 年	2030 年
水生态全面修复	1	年径流总量控制率	44%	85%	85%
	2	海绵城市达标面积比例	5%	＞40%	＞80%
	3	水系生态岸线比例	7%	60%	—
	4	全市森林覆盖率	22.2%	27%	—
	5	城市绿化覆盖率	36.7%	40%	—
水环境显著改善	6	城市污水处理率	79%	95%	
	7	雨污分流比例	—	60%	
	8	水环境质量	V 类	达到	优于
	9	雨水径流污染控制	—	得到有效控制	
水资源集约利用	10	污水再生利用率		≥25%	≥30%
	11	雨水资源利用率	—	≥5%	≥10%
	12	供水管网漏损率	14%	≤10%	≤8%
水安全充分保障	13	集中式饮用水源地水质达标率	95%	100%	100%
	14	防洪堤达标率	0	100%	100%
	15	排水设计标准	≤1 年	设计重现期 2 年一遇	
	16	内涝防治标准	—	设计重现期 30 年一遇	
制度建设完备	17	规划建设管控制度	—	出台	
	18	蓝线、绿线划定与保护	—	出台	
	19	技术规范与标准建设	—	出台	
	20	投融资机制建设	—	出台	
	21	绩效考核与奖励机制	—	出台	
	22	产业化	—	出台	

资料来源：王亚丽.固原市海绵城市建设综合绩效评价体系的构建[J].宁夏师范学院学报，2019，40（2）：101-103.

【课后习题】

1.海绵城市的考核分为哪几个阶段？

2.海绵城市的考核指标有哪些？

3.海绵城市的评价内容和评价方法有哪些？

9 我国海绵城市试点城市建设案例

📁 **学习目标**

知识目标	通过案例了解我国海绵城市建设情况； 通过案例了解我国海绵城市建设的不同模式； 通过案例了解国内海绵城市建设的各种方法
能力目标	能总结分析国内海绵城市建设在不同环境下的应用； 针对国内海绵城市建设不同的方式，总结经验； 具备将理论知识转化为实践的能力
素质目标	具备查阅资料，独立思考、解决问题的能力； 具备实事求是、团结协作的职业素养； 具备与时俱进的学习能力，能够运用新知识、新规范解决问题

📁 **教学导引**

　　为推进海绵城市建设，住房和城乡建设部在总结国外实践经验的基础上，结合我国的实际印发了《海绵城市建设技术指南——低影响开发雨水系统构建（试行）》，会同财政部等有关部门在全国30个城市开展了海绵城市建设试点。通过试点工作，海绵城市的建设理念已被社会广泛接受。

　　本章引用了我国第一批海绵城市试点城市建设的典型案例，主要为源头减排、内涝防治、黑臭水体治理、片区建设和改造五个方面的案例，分别从现状问题解析、设计思路与方法、工程措施和最终的实施效果等方面进行了介绍。

9.1 源头减排——
昆山杜克大学校区低影响开发

昆山杜克大学
海绵校园设计

9.1.1 项目概况

项目位于江苏省昆山市西部地区,苏南自主创新示范区核心区,项目规模为14.7 hm²。项目所在地周围地势平坦,整体为独立的开发地块,不承担周边客水。

9.1.2 项目问题及需求分析

（1）径流污染控制

随着下垫面的硬化以及人流活动的加剧,径流污染对于圩区水环境质量影响将逐渐增大。如何净化雨水水质,削减径流污染将是项目需要解决的主要问题。

（2）径流总量及流量控制

作为新开发建设项目,需要严格遵循海绵城市的建设理念,加强径流总量控制,维持场地开发前后水文特性不变,同时削减径流峰值流量,缓解区域排涝压力。

（3）雨水资源利用

昆山杜克大学（图 9-1）提倡生态、低碳理念,校园绿地面积较大,水面设置较多,绿地浇洒水源、水景水质的保持和景观水源补给是项目设计需要重点考虑的问题。

图 9-1 昆山杜克大学平面图

9.1.3 设计目标

(1)雨水水量

当开发前场地不透水面积所占比例小于 50% 时,实施雨水管理方案,在应对 1 年一遇和 2 年一遇 24 h 的降雨时,确保开发后排放的雨水峰值流量和径流总量不超过开发前。

(2)雨水水质

实施雨水管理方案,减少不透水铺装、促进渗透、利用试用的低影响开发措施收集处理 90% 年均降雨所产生的径流,去除项目开发后 90% 平均径流中 80% 的 TSS(总悬浮固体)。

9.1.4 设计原则

(1)集中与分散相结合的原则

结合中央景观水池设置集中型处理设施,结合分散的附属绿地设置分散性处理设施,通过集中与分散相结合,构建校园海绵雨水系统。

(2)定向开发的原则

通过生物滞留池、人工湿地、植草沟等低影响开发设施,实现雨水的渗透、滞蓄、净化,降低项目开发对水文状况的干扰。

(3)先绿色后灰色、先地上后地下的原则

雨水径流组织优先通过地上绿色基础设施对雨水进行渗透、滞蓄、净化,多余雨水再通过地下管网进行排放。

(4)提高雨水资源化利用的原则

充分利用绿色设施的净化作用,将雨水储存后用于项目中内景观补水及绿地浇洒。

9.1.5 设计方案

(1)雨水控制模式

① 集中型处理方式。

结合区域土方平衡及景观效果营造,在场地的中心位置设计打造一处景观水池。将中心景观水池作为调蓄雨水的调蓄池,收集中心景观水池周边建筑屋面及场地雨水,并以中心景观水池为调节主体建立循环体,打造如"海绵"般可调节的水体,如图 9-2 所示。

② 分散型处理方式。

在项目设计时,利用绿色屋顶、透水铺装、生物滞留池(带)等源头削减措施来降低路面、停车场区域的径流量,削减径流污染。

(2)校园排水系统设计

与传统设计不同,本项目雨水管道设计与校园整体水系统设计相结合,将灰色基础设施与绿色基础设施相衔接。

图 9-2　雨水集中处置景观水池

（3）雨水循环处理系统

其由中心水池、沉淀池、曝气池、水生植物塘、地下渗滤系统和清水消毒池组成，如图 9-3 所示。

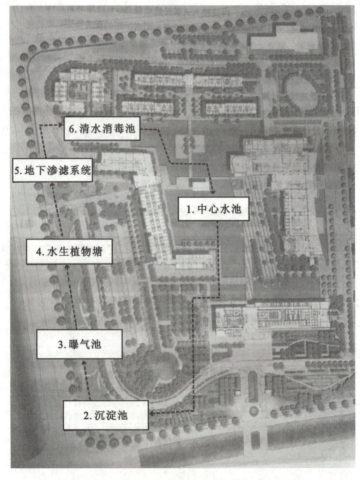

图 9-3　昆山杜克大学雨水循环处理系统

9.1.6　植物配选

（1）绿色屋顶

绿色屋顶植物种植选用景天类植物,如三七景天、胭脂红景天等。

（2）生物滞留池

选用半水生植物,如旱伞草等。

（3）水生植物塘、中央景观水池

多采用苦草、马来眼子菜等。

9.1.7　实施效果

（1）生态效益

该项目最终实现了年径流总量控制率目标,实现了近乎优于开发前的雨水径流控制,为野生动物提供了良好的栖息环境。

（2）环境效益

通过一系列技术措施的组合运用,有效控制了雨水径流污染,实现了降雨的净化,保障了中央景观水池良好的水质。

（3）经济效益

该项目用较低的成本,实现雨水回用,年节约灌溉用水 35000 t,折合自来水费用 12.25 万元,创造了雨水的经济价值。

（4）社会效益

该项目让昆山市民了解海绵城市,认知海绵城市,推动了昆山一批海绵城市的建设实施。

项目建成效果图如图 9-4 所示。

9.1.8　项目总结

按国际绿色环保 LEED 标准中 2 年一遇 24 h 降雨,开发后排放的雨水总量不超过开发前进行设计,项目径流控制量需为 6581 m³;按海绵城市建设要求,对应设计降雨量为 70.1 mm,相当于年径流总量控制率约为 95%。

LEED 标准中关于 2 年一遇 24 h 降雨,开发后排放的雨水峰值流量不超过开发前的要求,对于缓解片区防涝压力具有一定意义。

为满足 LEED 标准中关于雨水排放流量和总量的控制要求,应尽可能加强渗透,但由于昆山土壤渗透性能极差,因此在项目设计中通常需设置具有较大调蓄空间的雨水收集池。

图 9-4 项目建成效果图

9.2 内涝治理——北京市下凹式立交桥排水防涝改造

9.2.1 现状问题及分析

21世纪以来,北京市遭遇严重影响交通的强降雨近10次,其中,2012年7月21日遭遇61年来最强暴雨。二环至四环道路大部分下凹式立交桥区严重积水,交通中断,并造成人员及财产损失。

北京市四环内强制排水的下凹式立交桥区泵站共 52 座,设计重现期 P 为 5 年的有 4 座,重现期 P 为 3 年的有 13 座,重现期 P 为 2 年的有 32 座,重现期 P 小于 2 年的有 3 座,如图 9-5 所示。2012 年 7 月 21 日北京城区平均降雨量为 170 mm,中心城区平均降雨量为 215 mm,小时降雨量超过 70 mm,观测点多达 20 个,城区最大降雨点石景山模式口达 328 mm,强降雨持续时间近 16 h;全市主要积水道路达 63 处,积水 30 mm 以上路段 30 处,积水点位置大部分在下凹式立交桥处。解决城市内涝及下凹式立交桥区积水问题迫在眉睫。

图 9-5　北京各类桥重现期显示图

分析 52 座泵站存在的问题,其主要分为 5 种情况:① 泵站汇水面积增加,综合径流系数增大,现有雨水泵站系统老化,排水能力削弱(图 9-6);② 低水系统不完善;③ 高水系统排水标准偏低,高水系统不完善;④ 河水位对排水管线的顶托;⑤ 泵站供电系统为单路供电(非积水主要原因,是泵站的不安全因素)。前三种情况比较普遍。

图 9-6　雨水泵站系统老化

现下凹式立交桥泵站系统已改造完成，如图 9-7 所示。

图 9-7 改造后的下凹式立交桥泵站系统

9.2.2 总体思路

（1）设计标准

下凹式立交桥区内涝防治标准可以通过对比分析法、风险分析法等方法综合确定，在对国内外标准调研及总结分析的基础上，从平衡下凹式立交桥区内涝防治系统修建投资和可能的积水损失角度确定最终标准。对于本次下凹式立交桥区内涝防治标准，应综合比较分析国内主要规范、标准和美国、日本、欧洲国家等大城市采用的内涝防治标准，确定出北京市下凹式立交桥区的内涝防治标准范围宜采用 50～100 年一遇。按照下凹式立交桥区的社会总投入最低考虑，内涝防治标准在 50 年一遇以上时，内涝防治标准提高对社会总投入减小和积水风险降低的效果已不显著，合理的内涝防治标准应选择 50 年一遇。经综合确定，北京市下凹式立交桥区内涝防治标准为 50 年一遇。

（2）设施设计标准

① 下游河道的设计标准为 20 年一遇洪水设计，50 年一遇洪水校核。

② 高水区雨水管道按 5 年一遇标准设计，其中城市主干道、下凹式立交桥区四周及下游雨水管道按 5 年一遇标准设计。雨水泵站按 5～10 年一遇标准设计，低水管道按 10 年一遇标准设计。

③ 下凹式立交桥区防涝系统按 50 年一遇标准设计暴雨校核（桥区积水深度超过 27 cm 的积水时间不超过 30 min）。

④ 客水区调蓄水池规划设计标准为 50 年一遇。

（3）技术路线

① 通出路：按规划治理河道，提高河道的排水能力，以解决河道洪水位顶托高水管道的问题。

②拦客水:针对客水汇入问题,考虑提高下凹式立交桥区周边地区雨水(高水)管道的设计标准,同时对桥区周边小区进行海绵城市改造,减小客水流量并在高水区采取雨水拦蓄措施,尽量减小客水汇入桥区。

③提标准:增加下凹式立交桥区低水区雨水口,改造雨水(低水)管道和泵站,提高低水区雨水收水和抽升能力。

④蓄涝水:以下凹式立交桥区及周边地区防涝系统规划为基础,按50年一遇设计暴雨核算蓄水池容积。

(4)计算方法

为解决下凹式立交桥区的内涝积水问题,雨水调蓄池是其中一项重要措施,雨水调蓄池容积的合理计算关乎内涝安全和工程投资。脱过系数法可用于无客水汇入的低水区调蓄计算,对于存在客水汇入的桥区,调蓄池容积分为客水区和低水区部分。由于客水汇入时间与低水区峰值时间不同,若采用脱过系数法分别对客水及低水区部分进行叠加计算,会造成调蓄池容积计算偏大,因此可采用等流时线法,通过逐时段叠加分析,或采用数学模型,计算得到蓄水池容积。

①脱过系数法。

脱过系数法计算公式如下:

$$V = \left[-\left(\frac{0.65}{n^{1.2}} + \frac{b}{t} \cdot \frac{0.5}{n+0.2} + 1.10 \right) \cdot \lg(\alpha+0.3) + \frac{0.215}{n^{0.15}} \right] \cdot Q \cdot t$$

式中　V——调蓄池容积,m^3;

b,n——暴雨公式参数;

α——脱过系数,$\alpha = Q'/Q$;

Q'——脱过流量;

Q——池前管道设计流量;

t——管渠在进入调蓄池前的断面汇流历时。

②等流时线法。

等流时线法流程如图9-8所示。

下凹式立交桥区总汇流总量通过雨水收水系统(包括雨水口和低水区雨水管道)排入雨水泵站或调蓄池;进入收水系统的收集流量首先进入雨水泵站集水池,当收集流量小于或等于泵站排水能力时,该收集流量全部由泵站排出;当收集流量大于泵站排水能力时,该时刻超出泵站排水能力的部分收集流量则应通过泵站集水池的溢流孔全部收集到调蓄池,该部分超标水量的总和即为调蓄容积。

(5)数学模型法

对于资料条件较好的地区,建议建立流域数学模型对下凹式立交桥区积水情况进行分析并辅助方案制定和优化。模型构建流程如下。

首先,进行资料收集。资料收集的范围应包括下凹式立交桥区所在排水分区,具体收集资料内容为:管线信息,检查井信息,雨水口信息,雨水口水位流量关系,排水系统的流量范围及下垫面信息,地面高程信息,实测降雨数据和设计降雨数据,泵站数据,调蓄池数据,边界条件数据。

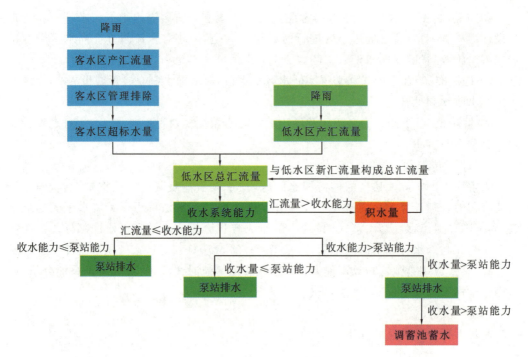

图 9-8　等流时线法流程图

其次，建立数学模型并进行参数确定和优化。应以下凹式立交桥区所在排水分区内的全部管网为基础建立管网模型，包括高水管网和低水管网（含水泵等设施）；以地形图为基础建立 DEM（数字高程模型）并根据建筑、道路、绿地情况进行地形处理，尤其需要对下凹式立交桥区周边道路驼峰以及铁路、挡墙、围墙和堤坝等对地面径流有较大影响的要素进行特别处理，以真实反映地形情况；模型构建完成后，应根据经验和规范要求对参数进行设定，对于有监测数据的地形，应根据监测数据进行校核；最终，将上游入流信息和下游河道水位信息输入模型，调试后确定最终模型。

最后，根据现状评估和规划方案的需求，确定具体的模拟情景（不同降雨条件、不同边界条件等），分析积水的核心原因，评估设施的运行效果。

9.2.3　典型桥区总体方案

（1）肖村桥桥区积水治理工程

以肖村桥桥区积水治理工程（成寿寺雨水泵站升级改造工程）为例，介绍下凹式立交桥区总体方案设计。

① 存在问题。

泵站设计标准偏低；雨水泵站汇入面积为 11.4 hm²，设计重现期 $P=1$ 年，根据最新的地形测量及现场踏勘分析，最终确定泵站汇水面积为 13 hm²。

a.管网能力不足。

（a）桥区低水排除系统能力不足。

(b)桥区高水排除系统能力不足,客水进入桥区。

b.河道未按规划实施。

② 解决方法。

a.对凉水河干流进行治理,在实现河道断面基础上拓宽,实现城市防洪规划断面,现改建有 7 座阻水严重的铁路、公路桥。

b.提高桥区周围地区高水系统雨水管道的排水能力,客水区雨水分区域进行拦截,采取工程措施,尽量将客水拦截在桥区外围,避免超过雨水管道设计标准的客水进入桥区,尽量减小客水的汇入量。

c.考虑到桥区周边排水系统不可能完全排出本区域内的雨水,仍会有一部分雨水进入桥区,因此,需要提高桥区内的排水和蓄水能力,包括改建雨水口、雨水管道、排水泵站和新建桥区调蓄池等。

③ 设施设计。

下凹式立交桥区雨水调蓄设施宜结合立交雨水泵站设置(图 9-9),无条件时可充分利用立交范围内绿地或相邻区域建设,调蓄设施可因地制宜,采用多种形式。

图 9-9 肖村桥桥区积水治理工程泵站设置

Q—泵站设计流量;W—雨水箱涵的宽度;H—雨水箱涵的深度;D—雨水管径

肖村桥桥区积水治理工程（成寿寺雨水泵站升级改造工程）完善现有低水区域收水系统，以达到 10 年重现期标准；新建 $P=5$ 年雨水泵站及独立退水，桥区高水管线分流；新建初期雨水池及雨水调蓄池。新建雨水调蓄池与泵站合建，位于肖村桥西南侧绿地内。新建初期雨水池按照初期降雨厚度 15 mm 计算；新建雨水调蓄池，进行削峰调蓄；初期雨水储存池容积为 1950 m^3，新建雨水调蓄池容积为 10450 m^3，总池容为 12400 m^3。

成寿寺的高低水系统的地理范围包括肖村桥的南北向的成寿寺路，三台山路和东西向的南四环东路以及周边汇水区域。该雨水系统包括沿道路铺设的雨水口，检查井和管道，以及用于抽排低水雨水的泵站，其排水出路为凉水河。分别构建了成寿寺流域改造前的现况模型及改造后模型。

实施排水改造项目后的肖村桥排水系统，其排水条件得到极大改善。在设计降雨模拟时，即使在 $P=50$ 年的降雨模拟中，桥区也未产生积水。

④ 改造效果。

北京 2016 年 7 月 20 日降雨，肖村桥桥区降雨时间约为 58 h，总降雨量达到 340.5 mm，桥区未产生积水。桥区的高水排水系统、低水排水系统改造已经得以实现，提高了整个桥区的排水能力，河道的疏挖治理，桥区外高水系统改造还未实施，全部实施后，可降低河道洪水位，进一步改善雨水管道的排水条件，才能使流域整体达到 50 年一遇的内涝防治标准。

（2）夕照寺桥治理工程

夕照寺泵站位于东二环内，如图 9-10 所示，两广大街下穿京山铁路，泵站标准低，区域高，水管线穿桥区下游接入护城河，因紧邻铁路用地紧张，采取"收、扩、蓄、排、防"措施加以改善。

收：桥区新建翻建雨水口 534 座。

扩：保留现况泵站，新建雨水泵站 1 座。

蓄：新建 5200 m^3 调蓄池。

排：在出水方沟增加内衬，增大过水量。

防：出水管线增设防倒灌措施，防河水倒灌。

图 9-10 夕照寺桥治理工程施工现场

9.3 黑臭水体治理——伊通河流域中段水环境治理

9.3.1 流域概况

伊通河在长春市城区段的河道自然长度约为 47.137 km,中段河道长度约为15.88 km,河道平均宽度 140 m,最窄处 110 m,平均水深约为2.5 m,水体总容量约为 6300000 m³。

伊通河中段水系由北十条明沟、东莱明沟、永安明沟、鲶鱼沟、小河沿子 5 条支流组成,如图 9-11 所示,其中北十条明沟、东莱明沟、永安明沟 3 条支流上游为暗渠,仅入河段为明渠;鲶鱼沟全段为暗渠;小河沿子为南部净月水库主要泄洪通道。

伊通河流域中段水环境治理规划设计总体方案

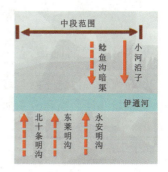

图 9-11 伊通河流域示意图

9.3.2　汇水分区及污水量概况

伊通河中段包含 4 个排水分区，分别为中心汇水分区、南湖汇水分区、八里堡汇水分区、二道汇水分区，如图 9-12 所示。

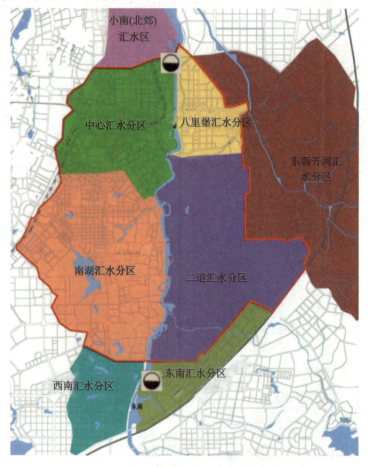

图 9-12　伊通河汇水分区及污水量概况

9.3.3　拦河闸概况

伊通河中段河床平均坡度约为 0.5‰，有拦河闸 3 座，橡胶坝 1 座，伊通河拦河闸的最大过流量与闸底高程分别如表 9-1、图 9-13 所示。

表 9-1　　　　　　　　　　　　　　　**伊通河拦河闸最大过流量**

序号	名称	最大过流量/（m³/s）
1	南环城拦河闸	1006
2	兴华闸	790
3	自由闸	752
4	小板桥橡胶坝	702

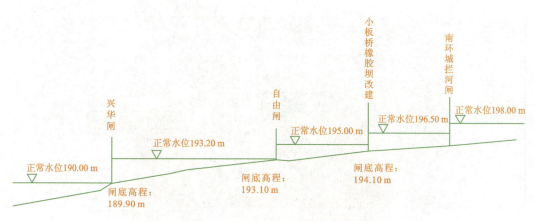

图 9-13　伊通河闸底高程示意图

9.3.4　污水处理厂概况

伊通河中段现有污水处理厂 2 座,其基本情况如表 9-2 所示。

表 9-2　　　　　　　　　　　伊通河中段污水处理厂情况

污水处理厂名称	规模/(万吨/d)	实际水量/(万吨/d)
北郊污水处理厂	78	51
东南污水处理厂	10	6.1

9.3.5　截流干管设置及污染治理分析

伊通河截流干管布置如图 9-14 所示。

(1)污染状况及成因分析

① 污染状况。

伊通河中段水体污染严重,COD、氨氮、TP 等指标远超过地表水 V 类限值标准,属于黑臭水体,其各种污染物浓度超标严重。

② 污染源解析总结。

a.点源污染:截污干管系统虽已建成,个别吐口旱季仍有污水进入河道;吐口闸门不能满足污染控制要求,雨停后未及时关闭,污水直排入河。

b.面源污染:合流溢流污染控制尚未展开,合流溢流污水是水质恶化的主要原因,且分流制区域亦存在初期雨水污染。

③ 内源污染:河道底泥未按照生态标准清淤,底泥内源污染加重污染趋势。

④ 生态水量过低:水体体积过大,补水量过小,水动力差,换水周期长,污染产生叠加效应。

⑤ 自净能力丧失:生态系统退化严重,无生态保持、恢复能力。

图 9-14 伊通河截流干管布置示意图

(2)治理目标与污染负荷削减要求

① 治理目标。

总体目标:2016 年初见成效,2017 年消除黑臭,2019 年基本达标,2020 年全面改善。如今,伊通河水质已达到国家Ⅴ类标准。

② 污染负荷削减要求。

根据各排水分区的垫面分析,分配各排口污染负荷,通过管道模型、河道水质模型对面源污染削减进行评估,经过反复模拟、验算得出污染物削减比例结论:

a.伊通河中段旱季点源污染负荷削减率需达到 100%。

b.雨季面源污染负荷需达到 75%~85%。

（3）技术措施体系

治理思路如下：

① 流域统筹：以控污补水为核心，梳理问题，制订治理目标，统一规划建设管理，保障治理资金。

② 目标管理：按照治理目标划分考核断面，分段分区考核。

③ 一河一策：因地制宜，逐河分析，对"症"定策。

④ 阶段递进：结合总体目标，科学分解工程，阶段性实施并考核。

⑤ 分区实施，落实河长制，属地化管理，建立长效维护监理机制。

9.3.6　海绵城市建设存在的问题及其解决方法

中段流域范围 80％的建成区，部分小区破旧，垃圾遍地，初期雨水污染严重，污染物随管道直接排入伊通河。

长春地区雨量分布不均，降雨主要集中在 7 月、8 月，近年已经发生多起强降雨事件，多地发生内涝，排洪防涝设施与区块功能定位不符，雨洪管理亟待解决。

解决方法：结合海绵城市建设理念，将初期雨水面源污染控制、内涝防治和雨水资源化利用相结合。

建设原则：满足伊通河中段水环境治理要求，结合长春市海绵城市建设进度计划，至 2030 年城市建成区的 80％面积为海绵城市。

9.3.7　治理效果分析

综合治理方案中每个措施的控制作用具有互补性、时序性及针对性：调蓄池主要针对合流制溢流污染控制；旁侧循环接触氧化及人工湿地系统，全时段净化河道水质；底泥改良针对底泥污染总量控制和释放控制；排口针对超标雨水入河前的污染物和漂浮物控制；海绵城市建设针对分流制区域的初期雨水控制及雨水资源化利用。

治理效果评估如下：

① 项目区伊通河干流全截污；

② 生态补水，包括东南污水处理厂出水 80000 m^3/d，北海湿地再生水厂补水 50000 m^3/d，动植物园再生水厂补水 33000 m^3/d，北十条再生水厂补水 3000 m^3/d；

③ 城区及南段降雨汇流；

④ 内源污染释放；

⑤ 南段完成污染整治。

9.4　片区建设与改造——南宁市那考河（植物园段）片区海绵城市建设

南宁那考河（植物园段）片区海绵城市建设

9.4.1　片区概况

（1）区位情况

片区总面积为 8.9 km²，位于南宁海绵城市试点区域的北部上游，其功能定位为生态保护与生态修复示范区。

（2）建设目标

① 片区内那考河（植物园段）消除黑臭水体，主要断面水质指标达到地表水 Ⅳ 类水标准；

② 片区年径流总量控制率不低于 80％，年径流污染控制率不低于 50％；

③ 河道满足 50 年一遇防洪标准；

④ 片区达到 50 年一遇内涝防治标准。

9.4.2　片区建设方案

（1）上游污染控制

上游污染控制包括工程措施以及划定禁养区。

工程措施：该河段为南宁市那考河下游河段，上游污染是片区重要的污染源，上游位于城市规划区外，尚未开展工程整治工作，为减少上游污染对片区整治河段的影响，采取了临时截流处理措施。在片区红线入流断面处设置溢流堰，将污水壅高，经临时截流管进入新建污水处理厂。

划定禁养区：兴宁区政府制定了《开展竹排冲上游流域那考河段沿岸周边环境整治工作方案》（南兴府办〔2015〕9 号），划定那考河流域内为禁养区，流域外延 2 km 为限养区，并通过环保、水利、农业部门联合执法的方式进行监督落实。

（2）外源污染控制

片区内的雨水径流污染主要来自建筑与小区、道路、公园绿地等地块外排雨水，通过汇水区内的源头减排减少排入那考河的雨水径流污染量。源头减排的主要方案为地块年径流总量控制，减少外排雨水量，同时利用海绵设施削减雨水径流污染，实现径流污染控制。年径流总量控制按照《南宁市海绵城市示范区控制规划》进行，同时采用以下雨水径流污染控制措施。

① 透水砖路面(图9-15):满足当地2年一遇暴雨强度下,持续降雨60 min,表面不产生径流的透(排)水要求。

图 9-15 透水路面实景图

② 下沉式绿地(图9-16):下沉式绿地主要设置在透水性差的路面和广场周边,用于截流、净化雨水径流。

图 9-16 下沉式绿地实景图

③ 植草沟:植草沟结合景观工程主要布置于那考沿岸游步道附近,地表径流经过植草沟的渗透和过滤,能够去除大部分的悬浮颗粒和部分溶解性有机物。

④ 净水梯田(图9-17):结合自然地形,在岸坡上因地制宜地建设净水梯田,用于场地雨水和排水口溢流雨水的净化处理。

图 9-17　净水梯田实景图

⑤ 湿塘和雨水湿地（图 9-18）：一方面可用于场内收集的雨水的调蓄净化，另一方面用于附近排水口溢流污水净化处理。

图 9-18　雨水湿地实景图

（3）河岸排水口污染控制

根据排水口类型和管径，分为三种污染控制方案。

① 污水直排口以及 $DN500$ 以下的合流制排水口：分流制雨水口，通过截流管全部截流，混合污水输送至污水处理厂。

② $DN500$ 及 $DN500$ 以上合流制排水口：通过沿岸铺设截流管并设置截流井（图 9-19），将旱流污水及截流倍数以内的雨水截流，混合污水通过截流管输送至污水处理厂。超过截流能力的部分，经河岸排水口污染控制措施净化处理后，排放至那考河，如图 9-20 所示。

图 9-19　截流管与截流井

图 9-20　那考河边的雨水口

③ DN500 以上分流制雨水口：根据雨水口与河道常水位间的高差、雨水口周边用地条件等多方面因素，将红线范围内雨水口分成四种类型，采取"一口一策"因地制宜地设置不同的调蓄净化设施，将雨水生态净化后排放至那考河。

（4）新建污水处理厂

新建污水处理厂规模为 70000 m³/d（一期 50000 m³/d，二期 20000 m³/d），出水达到《城镇污水处理厂污染物排放标准》（GB 18918—2002）一级 A 标准。

（5）尾水净化工程

污水处理厂尾水尚无法满足《地表水环境质量标准》（GB 3838—2002）Ⅳ类水标准的要求，选用垂直流潜流湿地工艺，将尾水进一步净化提升，再补充至那考河。

9.4.3　内源污染控制

内源污染控制主要为河道清淤，清淤深度依据现场勘测结果，并考虑保留生态底泥，清理后的淤泥进行无害化处理。

9.4.4　河道生态修复方案

（1）生态岸线建设工程

生态岸线分为三种驳岸类型：石砌挡墙驳岸、人工打桩垂直驳岸、生态缓坡驳岸。考虑植物的生存条件,对于常水位、5年一遇水位、50年一遇水位,分别进行不同类别植物的配种。

(2)生态补水工程

那考河可利用的生态补水水源有两个,分别为生态净化后的污水处理厂尾水和净化后的雨水。污水处理厂尾水作为生态补水水源,水量均匀,可进行长期、稳定的补水;净化后的雨水水量无法控制,作为生态补水的有效补充。

(3)景观水体调蓄工程

在河道内设置溢流坝(堰)及水闸,以实现河道景观壅水及防洪排涝功能。

9.4.5　河道行洪能力提升工程

第一级平台:高程可按3～5年一遇洪水位设置,汛期时洪水可漫过一级平台,以扩大行洪断面,增强排涝能力。

第二级平台:高程可按20年一遇洪水位设置,根据实际条件和功能定位,可为健康运动、大型广场、停车场、品牌商店等提供平台。

第三级平台:高程可按50年一遇洪水位设置,提高河道防洪标准,增强防灾减灾能力,消除市区防洪治涝隐伏的危险。

通过三级平台的设计,满足河道50年一遇的行洪要求。

9.4.6　河道建设模式

(1)建设模式

在国家推行基础设施及公用事业领域"政府和社会资本合作模式"(简称PPP模式)的大背景下,南宁市那考河流域治理项目采用PPP模式。通过招投标引入了具备行业先进技术经验和丰富运营管理经验的社会投资人和政府代表单位组成的项目公司。项目公司负责本项目的设计、融资、建设与运营管理,政府在运营期开始后依据绩效考核标准进行付费。

(2)绩效考核

① 监测断面。

本项目在那考河干流及支流共设4个监控断面,分别用于考核河道治理效果及污水处理厂运行状况。

② 考核标准。

监控断面数据作为绩效考核依据,监控断面考核的各项指标:每月抽检两次并取其平均值作为当月的成绩,防止偶然因素和为考核而突击维护;具体由政府方和项目公司共同委托环保监测中心,按照相关规定进行取样检测,其间发生的相关费用计入本项目运营成本。

③ 付费方式。

根据"南宁市竹排江上游植物园段(那考河)流域治理PPP项目协议"及其附件"产出说明及绩效考核"的有关约定,河道运营服务费与考核结果挂钩,按季度付费。

9.4.7　片区建设效果

(1)河道水质达标

那考河的河道水质指标已接近或基本满足地表Ⅳ类水标准。

(2)河道行洪能力达标

主河道最小行洪断面 25 m,支线最小行洪断面 10 m;经水利模型分析,河道行洪能力满足设计标准的要求。

(3)景观提升效果明显

片区的河道综合整治,通过湿地建设、景观绿化、生态驳岸建设等,明显提升了河道景观效果。

(4)经济效益

借助那考河河道综合整治,带动了周边房产增值、土地升值。

9.4.8　总结

本片区的海绵城市建设,重点围绕河道黑臭、行洪能力不足的关键问题,通过规划建设管控和协调机制,将源头减排、过程控制、系统治理的各个环节串联起来,通过对片区内各地块进行海绵城市建设、截污纳管、河道系统治理等技术措施,实现雨水径流的上下游联动调控。本片区项目海绵城市建设整体满足南宁市海绵城市试点区对生态保护与生态修复示范区的建设要求。

通过本工程建设,取得了以下经验:

① 问题分析是海绵城市建设的基础,系统方案是片区海绵城市建设的重要保障,灰绿结合的工程措施是海绵城市建设的重要途径。

② PPP 模式是推动海绵城市建设的重要手段。

片区建成实景图如图 9-21 所示。

(a)

(b)

图 9-21　片区建成实景图

9.5　广场道路——重庆国博中心公建海绵城市改造

9.5.1　现状基本情况

吉林街海绵
改造工程

重庆国际博览中心（以下简称国博中心）位于重庆两江新区的核心——悦来会展城，是一座集展览、会议、餐饮、住宿、演艺、赛事等多功能于一体的现代化智能场馆，是西部最大的专业化场馆，如图 9-22 所示。国博中心雄踞嘉陵江岸，依山傍水，公园环抱，古镇相伴，拥有城市、森林、自然浑然一体的优美环境，是国内独一无二的公园展馆、人文展馆、生态展馆。

图 9-22　国博中心大坡度山体实景图

国博中心总建筑面积达 60 万平方米，其中，室内展览面积为 20 万平方米。展馆共设 16 个展厅，南北各布置 8 个。国博中心的外形犹如一只巨型蝴蝶，寓意着重庆会展经济的蝶变和腾飞。

重庆渝北区常年降雨量为 1000～1450 mm,降雨集中在 6—9 月,降雨雨型特点为雨峰靠前,雨型急促,降雨历时短,短时形成暴雨或强降雨。渝北区年蒸发量为 1193 mm,5—9 月蒸发量较大。国博中心所在区域为重庆市典型的山地,地形高差大,道路纵坡大,一旦发生暴雨,地势低点极易发生内涝。国博中心公建海绵城市改造设计面积为 113 hm²,于 2016 年 12 月竣工。

9.5.2 问题与需求分析

(1)面源污染

国博中心展会期间,重庆暴雨频发,雨型急促且雨峰靠前,初期雨水冲刷导致面源污染严重,屋面平均 COD 浓度为 50～100 mg/L,平均 SS 浓度为 50～100 mg/L,道路平均 COD 浓度为 300～500 mg/L,平均 SS 浓度为 500～1000 mg/L。

(2)内涝分析

50 年一遇设计暴雨下的汇水范围内的产汇流超过了上游骨干管网的排水排涝能力,难以及时排放的径流沿地面顺地形泄流,形成内涝。

(3)杂用水需求大

该区域道路、绿化浇洒用水量大,对 2003—2013 年的道路冲洗及绿地灌溉用水量进行统计,计算每日用水的平均值,降雨时,不进行道路浇洒及绿地灌溉。道路每日冲洗用水量为 1.363 L/(m²·d),绿地每日浇洒用水量为 2.114 L/(m²·d)。以提高资源利用效率为核心,以节能、节水为重点,推动城市的发展,将雨水回收用于城市杂用水(道路冲洗和绿地浇洒)具有较大的经济效益和社会效益。

9.5.3 海绵城市改造目标与原则

(1)改造目标

重庆国博中心公建海绵城市改造项目改造目标见表 9-3。

表 9-3 项目改造目标一览表

控制指标	区域面积/hm²	年径流总量控制率	年径流污染物消减率	综合雨量径流系数	雨水资源利用率推荐值
国博中心北区	57.38	≥77%	≥57%	≤0.49	≥3.5%
国博中心南区	55.73	≥77%	≥57%	≤0.52	≥3.5%

(2)改造原则

以现状实际情况为设计基本条件,以解决内涝、面源污染及海面指标等问题为设计基本方向;根据现场具体情况结合整体景观等选定 LID 设施,不降低现状系统的排水能力,新建工程系统的布局与现状排水管网系统有机协调;考虑多种设计的组合、建设成本、运行管理、成本优化等诸多因素。

9.5.4　海绵城市技术设计

（1）设施选择

国博中心每个子分区的适用设施都不尽相同，LID设施需结合空间综合需求、整体景观等选定：屋顶雨水，选择雨水花台对初期雨水进行控制；大面积硬质铺装部分无绿化用地，选择截污式雨水口；为了不影响室外展区及停车场正常运营，将原有绿岛改造成雨水花园；设置回用水池进行雨水回用，同时可向雨水塘及下游湿地进行补水。例如图9-23所示的道路渗透铺装及图9-24所示的雨水盲沟。

图 9-23　道路渗透铺装　　　　　　　　图 9-24　雨水盲沟

（2）设施详细设计

① 调蓄池工艺说明。

调蓄回用水池缓排容积为 2000 m³，回用容积为 1450 m³，清水池容积为 200 m³，内部结构有沉砂池、调蓄池、设备间、清水池，均为混凝土现浇，底板为 500 mm 厚的混凝土保护层，水深 3.8 m，内设旋转喷射冲洗设备。

② 高位雨水花坛。

雨水花坛主要设置于展馆的雨水立管下端，屋顶雨水控制板按照 4 mm 的初期雨水计算，从上向下依次为蓄水层、种植土层、过滤层、砾石层、防渗膜。大雨时来不及下渗的雨水通过溢流管直接进入现状雨水管网。

③ 雨水花园PP模块。

对国博中心北区停车场货车停车区背部的长度约 150 m 的长条形绿岛进行改造，收水面积为 11500 m²。改造形式为上部生物滞留设施，下部 PP 蓄水模块（图9-25），绿岛上部做法同雨水花园，面积约 880 m²。停车场雨水花园 PP 模块及改造前后对比图如图 9-25、图 9-26 所示。

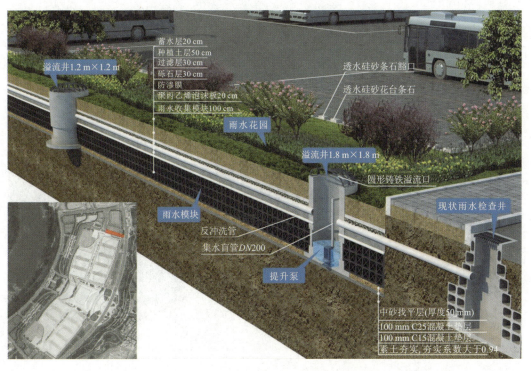

图 9-25　停车场雨水花园 PP 模块剖面图

(a)　　　　　　　　　　　　　(b)

图 9-26　停车场雨水花园改造前后实景图

(a)改造前;(b)改造后

④ 中心广场下凹式绿地＋湿地浅塘。

湿地景观完成面下沉约 0.4 m,结构层下沉约 0.8 m。在湿地下方结构层内敷设排水盲管,下雨时雨水通过盲管排入标高比下沉式绿地更低的浅塘,浅塘景观完成面下沉约 1.65 m,结构层下沉约 2.15 m。中心广场下凹式绿地＋湿地浅塘剖面图及改造完成实景图如图 9-27～图 9-29 所示。

⑤ 截污式雨水口。

截污式雨水口主要由截污挂篮、滤料包、溢流件组成。其中,截污挂篮和滤料包应每3个月进行一次拆分清洗。

(3)植物选型

雨水花园根据其间歇性蓄水特点,选择耐涝耐湿并具有一定耐旱性能的植物,如木槿、蚊母、彩叶杞柳、旱伞草、美人蕉、细叶芒、花叶芦竹、乱子草、大花萱草、蛇鞭菊、马蹄莲等。雨水塘根据其水深位置种植相应的水生植物,如再力花、旱伞草、水生美人蕉、水葱、香蒲、黄菖蒲、水杉等。应注重植物高低、色彩、质感搭配,以及相互间的协调。

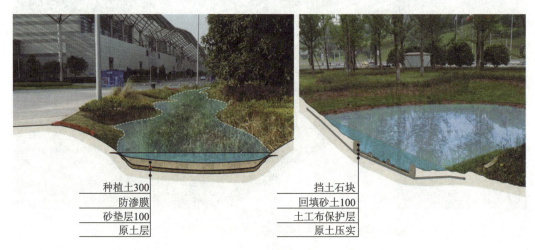

图 9-27 中心广场下凹式绿地+湿地浅塘剖面图

溢流口

溢流口

下凹式绿地

湿地浅塘

广场与绿地豁口

下凹式绿地+湿地浅塘

图 9-28　中心广场改造完成实景图 1

透水铺装

现状雨水沟

现状雨水沟出水口

图 9-29　中心广场改造完成实景图 2

海绵城市改造案例图

参 考 文 献

[1] 章林伟,等.海绵城市建设典型案例[M].北京:中国建筑工业出版社,2017.

[2] 徐海顺,蔡永立,赵兵,等.城市新区海绵城市规划理论方法与实践[M].北京:中国建筑工业出版社,2016.

[3] 斯蓝尼.海绵城市基础设施[M].潘潇潇,译.桂林:广西师范大学出版社,2017.

[4] 巴尔波.海绵城市[M].夏国祥,译.桂林:广西师范大学出版社,2015.

[5] 尹启后,陈年,徐茂其.地貌与环境保护[J].重庆环境科学,1982(5):37-39.

[6] 沈清基.城市生态环境:原理、方法与优化[M].北京:中国建筑工业出版社,2011.

[7] 陈守珊.城市化地区雨洪模拟及雨洪资源化利用研究[D].南京:河海大学,2007.

[8] 李锋,王如松,赵丹.基于生态系统服务的城市生态基础设施:现状、问题与展望[J].生态学报,2014,34(1):190-200.

[9] 伍业钢.海绵城市设计:理念、技术、案例[M].南京:江苏凤凰科学技术出版社,2015.

[10] 莱瓦里奥.雨水设计:雨水收集·贮存·中水回用[M].吴俊奇,译.汪慧贞,校.北京:中国建筑工业出版社,2011.

[11] 雨水工作组.把雨水带回家[M].雨水科普工作组,译.北京:同心出版社,2005.